El Jardín de Estilo Rústico

El Jardín de Estilo Rústico

Sunniva Harte

BLUME

En memoria de mi abuela,
para quien crecían las plantas
y cantaban los pájaros.

BLUME

Título original:
The Perfect Country Garden

Traducción y revisión de la edición en lengua española:
Anna Domínguez Puigjaner
Licenciada en Ciencias Biológicas

Coordinación de la edición en lengua española:
Cristina Rodríguez Fischer

Primera edición en lengua española 1999

Av. Mare de Déu de Lorda, 20
08034 Barcelona
Tel. 93 205 40 00 · Fax 93 205 14 41
E-mail: info@blume.net

I.S.B.N.: 84-89396-21-3

Impreso en China

Contenido

Introducción
6

Estructuras
14

La plantación
44

La producción
74

El mobiliario
106

Índice
142

Agradecimientos
144

INTRODUCCIÓN

UN ROSAL LLENO DE FRAGANCIA que cae sobre un paisaje abovedado de ladrillos; un hangar desvencijado, medio oculto por la hiedra y la madreselva; un extenso césped de flores silvestres: ¿quién puede resistir la maravillosa quietud de un perfecto jardín campestre? El atractivo de un jardín de este tipo no reside en la sofisticación ni en la grandeza, sino en la sencillez y el aparente descuido. Una colección informal de plantas útiles y familiares, frondosas y ornamentales, junto a paredes coloreadas por líquenes, puede impresionar mucho más que una hilera de estatuas o un resplandor proveniente de hortalizas. El estilo y la gracia naturales y la ausencia de reglas fijas proporcionan al jardín campestre su característica belleza.

IZQUIERDA *Esta casa de campo se encuentra casi oculta por el mar de familiares flores campestres. Los pálidos colores rosas y azules oscilan entre las dedaleras de color magenta y las blancas campanillas, lo que proporciona altura al conjunto y enfatiza la puesta en escena.*
SUPERIOR *Un rosal antiguo y de fuerte fragancia resulta ideal junto a una ventana; al atardecer su atrevido aroma llena agradablemente las habitaciones.*

Encuadre en el entorno

Más que cualquier otro tipo de jardín, el campestre se caracteriza por enmarcarse dentro de un entorno concreto. Tanto en las paredes como en las estructuras y demás detalles del jardín, se utilizan materiales locales y estilos vernáculos, lo que ayuda a configurar un nexo de unión con el lugar; además, proporcionan un aire de continuidad, un enlace con la tradición. Muchas de las plantas son también de la localidad o de los alrededores. Con frecuencia, el paisaje es una de las mejores características del jardín campestre, ya que define su carácter, bien se trate de una granja entre campos de espliego en la Provenza, una casa de campo en la Inglaterra rural o un claro en las tierras salvajes de Nueva Inglaterra. Muchos de los jardines campestres utilizan los alrededores como una extensión del jardín; de algún modo se apropian de las vistas y las características externas como parte de su inspiración. Espacios en los setos, vallas abiertas o muros bajos para delimitar los márgenes, árboles maduros, vistas amplias, montañas lejanas, lagos, praderas o edificios pintorescos, todo forma parte intrínseca del jardín.

IZQUIERDA, PÁGINA ANTERIOR *El senecio dorado (*Senecio aureus*), con sus cálidas flores de color amarillo, ofrece una brillante nota junto a un estanque sombrío y tranquilo. El atractivo de un jardín silvestre como éste reside en la mezcla armoniosa de plantas nativas, que crecen de tal forma que el conjunto tiene una apariencia totalmente natural.*

IZQUIERDA *Esta casa de montaña se encuentra rodeada de un jardín lleno de coloridas plantas que se desarrollan bien en condiciones climáticas extremas. La salvia amarilla es una adecuada compañera de la retama blanca, de mayor altura, mientras que las rosas, que se desarrollan bien con el aire fresco de la montaña, destacan sobre los grupos de salvias y lirios. Entre las flores se dibuja un camino estrecho de césped poco recortado, que emula un sendero de montaña.*

Trabajar con la naturaleza

Los mejores jardines campestres se encuentran en armonía con la naturaleza y con su entorno. Tanto si están expuestos a los vientos costeros como a los secos veranos mediterráneos o a las condiciones extremas del clima continental, los jardineros han aprendido a no luchar contra los elementos, sino a colaborar con la naturaleza y cultivar únicamente lo que vaya a crecer en las condiciones del lugar. La naturaleza es la fuerza que disipa las diferencias entre el espacio natural y el construido por el hombre: las semillas florecen entre las hendiduras de las paredes y los senderos, mientras que las estructuras metálicas y de madera y los ornamentos de piedra se unen al conjunto.

SUPERIOR *Si no fuera por la sencilla valla de madera, resultaría difícil señalar los límites entre el jardín y el campo que se extiende detrás de aquél.*

DERECHA *Un asiento rústico y en absoluto sofisticado complementa perfectamente las zonas de libre floración. El clima ayuda; con el tiempo, su apariencia se acomodará aún más con el estilo del jardín.*

IZQUIERDA *Bajo la densa sombra de una arcada cubierta por la vid, los elementos que configuran este tranquilo rincón –las cestas de mimbre, el útil cesto con flores, la vieja silla de caña y el sombrero de paja– dan la sensación de que el tiempo se ha detenido.*

CENTRO *Un rico tapiz formado por una floreciente ruda amarilla, timo de flores púrpuras y oscuras salvias cubre el suelo frente a esta casa medieval, del mismo modo, probablemente, a como lo hacía varios siglos atrás.*

INFERIOR *En este antiguo invernadero, que ya no se utiliza para la reproducción de plantas, la naturaleza se ha erigido en dueña; las ortigas han formado raíces, mientras el musgo difumina la luz que entra por el tejado. Las herramientas tradicionales con mangos de madera, apoyadas sencillamente contra la pared, proporcionan una marcada sensación visual de unión con tiempos pasados.*

Una sensación de pasado

Un retorcido manzano inclinado contra un viejo retrete de ladrillos nos habla de una época pasada en que la comodidad era escasa pero la vida resultaba más pacífica. Parte del encanto de un jardín campestre reside en la unión que representa con el pasado. Entender la utilización primera del jardín, y el papel esencial que desempeñaba en la vida de sus habitantes, constituye un valor que merece conservarse. Los jardineros de campo nunca se han dejado influir por las modas pasajeras; prefieren las tradiciones y los estilos sencillos a las vicisitudes de la moda. En el pasado, el sentido práctico y la necesidad imperaban en el jardín; así, en los jardines campestres medievales, un césped extenso se hubiera considerado un gasto excesivo en cuanto a espacio, ya que el terreno se utilizaba casi exclusivamente para hierbas y hortalizas. Las flores familiares, como las dedaleras, las peonías, las rosas y los alhelíes amarillos, cultivadas y apreciadas durante generaciones, proporcionan una sensación de continuidad y de que, aunque los tiempos cambian rápidamente, algunas cosas permanecen inalterables.

Estructuras PERFECTAS

NINGÚN JARDÍN ES MERAMENTE una agrupación de plantas. ¿Dónde se apoyaría un rosal trepador sin la pared de piedra que actúa al tiempo como soporte y respaldo? En primer lugar, hay que tener en cuenta la columna vertebral del diseño, esto es, los muros, las puertas del jardín, los patios, los senderos y los distintos elementos arquitectónicos. Todos ellos ayudan a definir el carácter del jardín durante el año, pues forman una unión con la casa y proporcionan un fondo para los relieves más suaves y libres de plantas. Un muro de piedra con pequeños helechos en las hendiduras hace que el límite entre el jardín y el paisaje sea más atractivo, mientras que una valla con travesaños de madera permite que la unión resulte más impactante. Con frecuencia en los jardines campestres encontramos elementos arquitectónicos antiguos, como palomares, que ya no se utilizan. Éstos pueden renovarse para su propósito original o para dedicarlos a un nuevo uso: un retrete puede convertirse en una bodega; un baño, en el estudio de un artista.

IZQUIERDA *Los elementos duros de este jardín se han suavizado con la ayuda de una plantación informal de herbáceas, que crea un ambiente relajante. Mediante formas decorativas recortadas y rosales estándar de un solo color, se habría obtenido una escena más formal.*

SUPERIOR *Los senderos de ladrillos y los bordes de los arriates añaden sofisticación y estructura a este terreno generosamente plantado. Los caminos de este material permiten disfrutar de la vista y el perfume del jardín incluso en los días más húmedos.*

El modo en que una tapia revela u oculta una estancia puede resultar, tras la primera impresión del visitante, atractivo.

Pocas vistas son más intrigantes que una casa lejana o una casa de campo al fondo, casi oculta por una valla alta, o una muralla de hierbas y flores silvestres que crecen entre una antigua puerta de hierro de jardín, con una nota de moho. La forma en que una tapia revela o realza una estancia y el jardín puede incidir en la primera impresión que tenga el visitante. Un seto, un muro o una valla son mucho más que un elemento delimitador. Sirven de marco para la composición de la casa y del jardín, y crean un fondo regular para las plantas. En el aspecto práctico, ciertas clases de tapias ofrecen protección tanto para la gente como para la vegetación; actúan como soporte de trepadoras y rastreras, o delimitan un lugar para el ganado.

Históricamente, para determinar los lindes del jardín, en todo el mundo se han utilizado los materiales y las técnicas de construcción locales, según razones económicas y de conveniencia: ladrillos en zonas arenosas, maderas en regiones forestales, muros de piedra seca compuesta de piedras de formas irregulares en lo alto de una colina donde resulta imposible trasladar cemento o piedras de canteras. Si tiene la suerte de poseer un jardín con un seto ya formado o un muro lleno de líquenes, manténgalo; proporcionará dignidad al terreno. Si tiene que reparar un muro o una valla, y siempre que sea posible, utilice el mismo tipo de material que el original: piedra del lugar, idéntica clase de madera (a menos que vaya a pintarla), ladrillos antiguos.

Un elemento nuevo parecerá más apropiado y asentado si armoniza tanto con el entorno paisajístico como con la casa. La elección de materiales locales y estilos vernáculos, o de setos formados por plantas típicas de la región, ayuda a enmarcar los límites en el contexto, de manera que entran a formar parte del paisaje. Si una superficie dura parece demasiado primitiva y pelada, es posible acelerar el proceso de envejecimiento pintándola con una solución diluida de yogur y agua, o de abono y agua, lo que favorece el crecimiento de líquenes.

Una antigua pared de ladrillos proporciona un soporte y una base ideales para las flores de color rosa concha del rosal trepador «New Dawn», de floración repetitiva desde mediados de verano hasta el otoño. La pesada puerta de madera permanece siempre abierta y permite entrever el rosal rugosa con sus grandes inflorescencias de un dulce color rosado que, al igual que ha sucedido durante generaciones, dan la bienvenida a los visitantes, hacia un jardín secreto.

Muros, vallas y setos

Los muros de piedra o ladrillo alrededor de un jardín añaden sensación de solidez, y si además son altos, de privacidad y seguridad. Para el jardinero no sólo protegen el jardín de animales intrusos, sino que además ofrecen la oportunidad de cultivar una amplia variedad de trepadoras y arbustos de pared, que se benefician del soporte, la protección y el calor que los muros les proporcionan; con el transcurso del tiempo, el grosor de las especies vegetales cubre y suaviza las líneas de los confines del jardín. Los muros bajos pueden estar cubiertos o rematados por ejemplares de decorativas formas, y en este caso resulta ornamental medio arco de hierro situado entre piedras o ladrillos; visualmente, estilizan el muro sin dificultar la visión del jardín. Si el dibujo de los ladrillos de la casa es decorativo, debería reflejarse también en los muros del jardín; por ejemplo, colocando diagonalmente ladrillos partidos, con el margen dentado hacia arriba. Una capa pluvial de piedras proporciona una apariencia más formal, regular, y alarga la vida del muro al minimizar la infiltración de agua.

En las zonas donde el pedernal sea un material abundante, resulta un elemento de construcción económico y muy duradero, bien sea partido (se descascara un lado para mostrar el núcleo oscuro) o entero. Se consiguen paredes regias, de tonalidades grisáceas, que se complementan con los senderos e hileras de setos adyacentes. Las sutiles sombras y fascinantes texturas de los muros de pedernal hacen de éste una buena base para enmarcar las formas decorativas de los conos, las estiradas angélicas, los ricos colores de las amapolas (*Papaver orientale*), *Pyracantha* de frutos rojos o el púrpura de las hojas del árbol de las pelucas (*Cotinus coggygria* «Royal Purple»).

IZQUIERDA *Un rincón boscoso ascendente se ha transformado en un jardín mediante la construcción de un terraplén; los distintos niveles se han formado con la ayuda de piedras del lugar. Esta clase de muros de piedra se ha utilizado durante siglos por su durabilidad y carácter, y constituye un valor que permanece impasible a las modas.*

INFERIOR *La belleza de una simple piedra se ha utilizado ampliamente para la creación de muros con un diseño en pluma, que resulta al mismo tiempo práctico y de rica textura. La planta del dinero se encuentra bien entre las hendiduras, y sus hojas suaves y redondas contrastan con la dura roca.*

Las vallas son menos duraderas y fuertes que los sólidos muros, pero ofrecen infinitas posibilidades creativas. Se encuentran disponibles distintos tipos y estilos, aunque también puede construirlas uno mismo. En el caso de las vallas de madera, bien sean solas o junto a un seto, es preferible dejar el color original; se pueden barnizar para su mejor conservación, o pintar de forma que se adecuen a la casa o el mobiliario del jardín. Algunos tipos de vallas, como las de tablillas, configuran una visión ininterrumpida de ambos lados del terreno, mientras que otras permiten una visión parcial o forman estrechas aberturas que enfatizan el deseo de descubrir lo secreto.

Los pilares rústicos, hechos de madera tosca y poco pulida, parecen simples y sin pretensión, y tienen una vida relativamente corta. Los maderos pueden configurar un modelo cruzado, estar colocados diagonalmente entre postes horizontales o, sencillamente, en hileras de tres, intercalados por postes horizontales.

En la Edad Media, las vallas hechas de zarzas —conocidas a menudo como cañas— eran muy populares; se construían a partir de madera local tallada, como el avellano, y se erigían fácilmente. Formada con tallos partidos, la valla de zarzas resulta excelente como cortavientos

IZQUIERDA, PÁGINA ANTERIOR *Poco atractiva y sin un gran diseño, la valla entretejida funciona bien en un jardín campestre, pues proporciona una calidad tradicional e intemporal. Una ventaja añadida es su rápida colocación; delimita instantáneamente el espacio, al tiempo que ofrece una marcada textura.*

IZQUIERDA *Una valla abierta de pilares rústicos proporciona altura y textura a un seto informal de* Viburnum opulus.

INFERIOR *Las vallas bajas de tablillas actúan como simple contención del cercano riachuelo. Además proporcionan una vista ininterrumpida de las plantas y el paisaje situados detrás.*

al ser semipermeable y filtrar la fuerza de dicho elemento; por el contrario, las barreras sólidas lo desvían, lo que crea bolsas de turbulencia. Con su apariencia rústica e irregular, y su dibujo entretejido, añaden de forma inmediata un aire campestre al jardín. No tienen una duración demasiado prolongada, pero son ideales junto a un seto recién plantado: con el tiempo éste se desarrolla y ensancha, mientras que la valla empieza a deteriorarse.

Durante siglos, en Europa y Norteamérica las vallas de estacas de baja altura han gozado de gran popularidad. Sirven de encuadre para una plantación abundante, sin dominar u obstaculizar las vistas. Las plantas se desarrollan entre los espacios de la valla, se vuelcan sobre la parte superior de forma generosa y suavizan las líneas verticales. Típicamente, las vallas de estacas las encontramos

Una sorprendente y armoniosa imagen ofrecen la valla de estacas y la colección de lilas de distintos colores. Los espacios entre las maderas permiten el libre desarrollo de las lilas que apuntan hacia el camino.

pintadas de blanco, aunque en ocasiones son del mismo color que el exterior de la casa; de este modo, se consigue un conjunto cohesivo y armonioso.

Los setos constituyen excelentes límites vivientes en un jardín campestre; son un elemento protector contra el viento, una buena base para otras plantas y un esqueleto vertebral durante todo el año. Los setos formados por diversas especies proporcionan una cambiante alternancia de efectos en todas las estaciones, y resultan perfectos para asegurar la vida silvestre, ya que ofrecen variedad de lugares para nidificar y una fuente de alimento. Un seto como tal debería incluir encinas, acebos, espino blanco y rosas silvestres, y quizás hiedra y clemátides entre ellos.

Las vallas de estacas enmarcan una plantación abundante, sin dominar u ocultar la vista.

SUPERIOR *En este seto se ha moldeado parte de la vegetación para darle forma circular; así, se ha obtenido una ingeniosa ventana en una pared viviente. Cerca del seto se ha erigido un emparrado, que crea la sensación de una estancia exterior.*
DERECHA *La escena que se vislumbra al final del camino se ve enfatizada por las líneas rectas y recortadas del seto, en contraste con los árboles altos y los rosales retozones.*

Es posible variar las alturas dejando que algunas plantas de setos se desarrollen como árboles. En ocasiones, en los jardines campestres, se cultivan árboles frutales, como manzanos y avellanos, para darles un carácter de seto; de este modo se aprovecha todo lo que proporciona la tierra.

Un seto de una sola especie, recortado como tejo, acebo, carpe o haya, presenta una apariencia uniforme adecuada para un jardín formal o como fondo de una plantación exuberante y libre. Los setos perennes añaden color y textura al jardín durante todo el año, mientras que las especies caducas, como el haya y la encina, mantienen su juvenil follaje durante los meses invernales. Si se podan cada año, las hojas secas y elegantes del otoño se mantienen hasta la primavera, y ondean con el viento.

En Italia, Francia y Holanda, tradicionalmente, los setos de tejo o boj se recortaban con formas geométricas, como conos, pirámides y esferas, mientras que en Inglaterra las formas de pavos reales, otros animales e incluso teteras añadían una nota humorística (*véase* «El recorte ornamental», página 58). Cuando el aislamiento no es importante, los setos bajos de lavanda, boj, teucrio o santolina resultan atractivos al final de un camino o como marco de arriates de hierbas, hortalizas o plantas anuales de brillante colorido.

PÁGINA SIGUIENTE *Una silenciosa valla de estacas de color verde mantiene delimitados a arbustos invasores, y actúa como fondo de la abundante floración durante el verano, bajo frutales estándar, nítidamente recortados.*

INFERIOR *A este seto de haya, de crecimiento lento, se le ha dado forma de arco; de este modo, enmarca el paisaje situado detrás, en claro contraste con la espectacular* Magnolia stellata.

mate junto a brillante, plumosa junto a sólida, afiligranada junto a satinada. Es difícil pasar junto a plantas como el suave gordolobo (*Verbascum olympicum*) o el hinojo (*Foeniculum vulgare*) con su follaje suave y afiligranado, sin poder tocarlas. También el tamaño de la hoja y la forma afectan a la textura; combine eléboros como *Helleborus x sternii*, con la búgula (*Ajuga*) y las campanillas de invierno, cuyas hojas acintadas complementan las grandes y recortadas hojas de los eléboros. Utilice el fondo mate regular y denso que proporciona un seto de tejo (*Taxus baccata*) como complemento de las variegadas, brillantes y dentadas hojas de *Osmanthus heterophyllus* «Aureomarginatus» o el vaporoso hábito de un saúco de recortadas hojas (*Sambucus racemosa* «Plumosa Aurea»).

SUPERIOR *Bajo la fresca sombra de un gran árbol se obtiene un esquema impresionista si se entreteje un pequeño geranio de flores rosas, mediante las cremosas y plumosas cabezuelas florales de* Astilbe, *para enfatizar así la nervada textura de las azules hojas de* Hosta.

IZQUIERDA *Un terraplén seco y rocoso es el lugar idóneo para plantas como la amarilla* Asphodeline lutea, *las globosas cabezuelas de* Allium, *las blancas y rosas valerianas y* Dianthus, *que se abren con todo su colorido y belleza.*
SUPERIOR *El color y la textura se conbinan con sabiduría: el gris senecio contrasta con las espigadas gramíneas ornamentales y las largas hojas del gris azul del cardo (*Cynara cardunculus*). El ejemplar amarillo de* Phlomis *añade equilibrio y color.*
PÁGINA SIGUIENTE *Las coloreadas espigas del altramuz se dibujan sobre grupos de tomillo y geranios de hojas pequeñas, cuyas flores de color magenta se unen a* Dicentra spectabilis. Delphinium *todavía tiene que florecer.*

DERECHA *Un jardín debería ser recordado tanto por el aroma como por el color. El sofocante perfume de los sorprendentes lirios permanece todavía en el aire cuando la luz solar se ha desvanecido. Desde los tiempos de los egipcios se han cultivado los lirios por su inigualable e inolvidable perfume.*

SUPERIOR DERECHA *La madreselva ha sido siempre una de las plantas favoritas en los jardines campestres. Cultivada cerca de una ventana abierta, su dulce aroma llena la estancia. Una simple glorieta constituye un lugar mágico si lo cubrimos de perfumados rosales y madreselvas.*

DERECHA, PÁGINA SIGUIENTE *Un clásico rosal de Damasco «La Ville de Bruxelles», cuyos pétalos de fuerte aroma son ideales como componentes de un popurrí, complementan las vaporosas cabezuelas florales del saúco situado debajo. Como hierba perniciosa, no será bien recibida en la mayoría de jardines; sin embargo, el propietario de este jardín ha optado por abandonar la batalla.*

El repentino olor de una planta que nos gustaba en la niñez puede transportarnos al instante a tiempos pasados.

El jardín perfumado

¡Qué fragancias tan agradables pueden ofrecernos las plantas! El generoso aroma del flox, la dulce fragancia de *Buddleja*, el exquisito perfume de muchas rosas. ¡Qué delicia pasear entre plantas de nocturno aroma mientras la luna ilumina las espectrales flores! (Con frecuencia, las plantas con una marcada fragancia presentan pétalos de colores pálidos, ya que el perfume está diseñado para atraer a los insectos nocturnos, como las polillas, y facilitar así la polinización.) El aroma es tan evocador que la repentina bocanada de una planta que nos gustaba en nuestra niñez nos retrotrae al pasado por un instante. El placer de descansar entre la abundancia de flores cuando éstas perfuman el aire a nuestro alrededor es doble; el suave perfume de los claveles junto al marcado aroma de los lirios, o la dulce fragancia de *Paeonia lactiflora* «Sarah Bernhardt» jugando con la clásica anual reseda (*Reseda odorata*). Puede también cultivar un grupo de hierbas si desea disponer de un margen aromático en el jardín (*véase* «El jardín de hierbas», páginas 92-97).

Coloque las plantas aromáticas con cuidado, en un terreno que le permita disfrutarlas al máximo. Plante las trepadoras junto a la entrada o la ventana, de forma que pueda olerlas desde la casa, o hágalo sobre una pérgola y goce de su fragancia cada vez que se siente debajo. Cultive plantas aromáticas en las macetas de un patio o junto a un sendero para que pueda olfatear las flores al pasar. La planta del tabaco (*Nicotiana*) forma grandes masas bajo una ventana y perfuma la habitación. Como algunas variedades nuevas carecen de aroma, elija aquellas con un buen perfume, como *N. alata*. Ocurre lo mismo con otras plantas, como muchas rosas y guisantes de olor.

Espacios costeros y urbanos

Un lugar en la costa puede constituir un gran desafío, pero las vistas y las temperaturas moderadas nos ofrecen una recompensa generosa. El problema principal lo constituyen los vientos, que transportan sales; esto perjudica a las hojas más delicadas, seca el suelo y, por tanto, limita la elección de las plantas. Es posible mejorar las condiciones con algún tipo de protección. Los arbustos actúan como un buen cortavientos; así, al disminuir el viento se reducen los efectos de desecación. Para el perímetro del jardín utilice arbustos robustos que toleren el aire salado, como el tamariz (*Tamarix*), el espino amarillo (*Hippophae rhamnoides*), la lavanda, *Phlomis*, *Cotoneaster* y la escalonia. Las plantas de follaje gris y las que poseen hojas pequeñas tienden a ser bastante resistentes a los vientos secos. Los arbustos de hábito bajo también suelen soportar mejor el viento, incluso *Cistus* y *Potentilla* con un largo período de floración.

Las plantas de la familia del cardo son recias y añaden altura y estructura al terreno; cultive *Echinops* y acebo marino de color azul plata (*Eryngium*) junto a grupos de *Sedum* de hojas cerosas, *Centranthus ruber* y *Glaucium flavum*. Las plantas de hábito bajo no se ven afectadas por el viento y pueden configurar un atractivo tapiz de colores. *Phuopsis stylosa*, con sus inflorescencias en umbelas de dulce color rosa, pueden cultivarse junto a *Allium moly*, mientras que los rosales de rocalla (*Helianthemum*) proporcionan una prolongada exposición de flores durante todo el verano. Las plantas formadoras de matas introducen texturas distintas y evitan la erosión del suelo. Las grises y afiligranadas hojas de *Tanacetum densum* complementan la velluda textura de *Ballota pseudodictammus*; puesto que ambas son de color pálido, constituyen una buena compañía de flores de cualquier tonalidad.

Un jardín de ciudad plantado en un estilo campestre es quizá más encantador por resultar sorprendente. Entrar por una puerta de un muro alto de ciudad y descubrir un jardín que pertenece a otro mundo es una joya. Incluso en una gran ciudad, es posible recrear una sensación de campo con la ayuda de una plantación informal y generosa, con trepadoras que cubran las paredes encerrando el jardín y con una abundancia de plantas verdes que se desparramen sobre los senderos, se enreden por una pérgola o broten entre tinas y artesas.

Es posible que no disponga de espacio suficiente para los tradicionales márgenes, pero puede conseguir un efecto similar agrupando grandes macetas densamente plantadas. No todos los arbustos necesitan de un gran espacio para sus raíces; por ejemplo, las higueras prefieren tener sus raíces apretadas. Las trepadoras, como los jazmines, junto a las rosas rastreras, servirán para que los pájaros construyan sus nidos y transporten sonidos del campo a la ciudad. Las plantas que se han asociado durante largo tiempo con un entorno campestre, como los claveles, los helechos, los geranios y las amapolas, pueden hacernos creer que estamos realmente frente a un terreno rural.

DERECHA *En este jardín, situado en lo alto de una colina en la costa mediterránea, abundan los árboles frutales y las hierbas, que apenas necesitan cuidados. El vivo follaje nos ofrece una sombra fresca por la que caminar, y las hojas de los cítricos pueden frotarse a su paso, de modo que desprendan su agradable perfume. El tomillo de hábito bajo tapiza el suelo sin ser molestado por el viento; sus pequeñas y aromáticas hojas son capaces de soportar el intenso calor y el aire salado.*

Si quiere aumentar el atractivo para las abejas, las mariposas y otros insectos polinizadores, es mejor disponer de un grupo de plantas antes que cultivarlas aisladamente.

Favorecer la vida silvestre

El soporífero zumbido de las abejas, el sonido de un pájaro o el revoloteo de las mariposas añaden una sensación de vitalidad y armonía a los soleados días de descanso en el jardín. Sin las abejas y otros insectos polinizadores, algunas plantas (como muchos árboles frutales y algunas vivaces) no presentarían semillas ni ofrecerían sus frutos. Las abejas se ven atraídas por las flores de color azul y malva, como las de la lavanda, la hierba gatera (*Nepeta*), las campánulas y la escabiosa. Varias plantas agrupadas incrementarán su atractivo.

La gente que ha vivido en el campo siempre ha apreciado el valor de los pájaros en el jardín. Además de su belleza y de llenar el aire con sus cantos, pueden ser de ayuda para controlar muchas plagas: los paros mantienen controlados a los áfidos, mientras que los tordos se alimentan de cuantos caracoles puedan atrapar. Facilite la vida de las aves de su jardín incluyendo diversos arbustos y pequeños árboles. Los árboles y arbustos de pared con crecimiento denso o espinoso como el espino blanco (*Crataegus*) o el acebo (*Ilex*) constituyen lugares ideales para la nidificación de muchas aves, y las plantas con escaramujos, por ejemplo, *Pyracantha*, los serbales (*Sorbus*) y los acebos son una fuente de alimento durante el crudo invierno, por lo que atraen incluso especies que en otra época no se atreverían a acercarse al jardín.

IZQUIERDA *Una mariposa posa sobre una llamativa flor de* Inula *de color amarillo para absorber la luz solar antes del atardecer.*
SUPERIOR *Las alargadas y rosadas amapolas orientales (*Papaver orientale*), las espigas de* Persicaria, *los cremosos lirios y el cardo escocés (*Onopordum acanthium*), junto al follaje gris azulado, ofrecen un amplio abanico de flores con néctar, que atraerán a las abejas, polillas y mariposas a este rincón del jardín.*
DERECHA *Grupos de* Delphinium *frente a un rosal trepador, mientras que el pie de león (*Alchemilla mollis*) y la hierba gatera (*Nepeta *«Six Hills Giant») se expanden a sus pies sobre el suelo. Los pájaros pequeños suelen nidificar detrás de un margen tan densamente plantado como éste, que ofrece una buena cobertura.*

La producción PERFECTA

HOJAS DE LECHUGA FINAMENTE CORTADAS, patatas recién recolectadas y una tortilla obsequio de nuestras propias gallinas: ¿qué podría resultar más satisfactorio y delicioso que un sencillo plato fruto de nuestro trabajo en el huerto? En la época medieval, los habitantes de las zonas rurales cultivaban cuanta comida necesitaban. En Francia, se enorgullecían de poseer un huerto de hortalizas, con ordenadas hileras de judías, tomates y lechugas en el jardín frontal, y relegaban las flores a la parte trasera de la casa. Los jardineros italianos utilizaban hierbas arbustivas medicinales como el hisopo y la santolina, para delimitar los arriates de hortalizas. Un jardín por donde se paseen gallinas, patos o gansos aleja de los inconvenientes de los métodos intensivos de producción. Sin embargo, la despensa de los habitantes del campo no se limita al jardín; además, en los bosques y en los setos podemos encontrar escaramujos comestibles, nueces y hojas, junto a cabrillas y otras setas muy apreciadas.

IZQUIERDA *El ligústico, el laurel, el hinojo y la salvia se desarrollan bien junto a otras hierbas culinarias en este huerto, en un rincón tranquilo y de fácil acceso. Sus puntiagudas hojas están listas para ser recogidas y añadir sabor campestre a un plato sencillo.*
SUPERIOR *Junto a la protección de un muro de piedra, el gallo de vivos colores actúa de centinela de sus dominios. Las aves domésticas y demás animales proporcionan una nota viviente al jardín.*

Plantar hortalizas

Hay algo muy satisfactorio en poseer columnas bien alineadas o grupos de saludables hortalizas: una línea de redondas coles malva azuladas, recortadas frondas de hinojos, hileras de patatas y altas cañas colocadas como tiendas de indios recubiertas por judías de flores color escarlata; todo ello como promesa de una deliciosa comida. Durante largo tiempo, las hortalizas han sido una parte vital de la dieta de las personas en las zonas rurales, cuando el precio de la carne era elevado y se consumía una o dos veces por semana, e incluso con menor frecuencia. Los franceses han sido los que más han cultivado hortalizas; en el siglo XVI, su afición se traducía en terrenos con maravillosos dibujos geométricos de vivos colores, huertos de elaborados diseños simétricos con hortalizas rodeadas de setos de boj, recortados y de baja altura. Una aproximación más simple consiste en cultivar hortalizas en bloques; así se facilita el cultivo y se obtienen terrenos con una mezcla interesante de colores.

IZQUIERDA *Un espantapájaros añade una pincelada de humor y un toque de idiosincrasia al huerto, aunque parece demasiado afable para alejar un pájaro.*

SUPERIOR *La plantación de hortalizas complementarias es un método de cultivo para reducir problemas de plagas. En este caso, los amarillos clavelones (*Tagetes*) se han cultivado para detener plagas como nematodos y para atraer insectos beneficiosos, especialmente mariposas, que se alimentan de muchas plagas.*

DERECHA *Un huerto bien planificado proporciona suficiente alimento para una familia durante todo el año. Las judías enanas pueden escaldarse y congelarse, y con los tomates hacer salsa y mermeladas para disfrutar en los fríos días de invierno. La recolección de las cosechas ofrece una agradable sensación de éxito que recompensa el duro trabajo.*

Una hilera de redondas coles de hojas malva azuladas y columnas de enterradas patatas constituyen una promesa de futuro alimento.

IZQUIERDA *A sotavento de una higuera, este jardín mediterráneo incluye guisantes de olor y espuelas de caballero que crecen abundantemente entre coles y lechugas. Cuando el espacio lo permita, merece la pena plantar anuales de crecimiento rápido que proporcionen flores para el corte.*
SUPERIOR *Las patatas, las espinacas, las lechugas, la coliflor y las coles se agrupan en un espacio reducido, junto a los guisantes de olor, plantados para florecer por encima.*

Las calabazas grandes y las de verano/invierno parecen extraordinarias esculturas vivientes. Esta gran calabaza se ha cultivado dejando que se adueñe del banco del jardín para apreciar el animado colorido y la generosa forma en toda su dimensión.

Cultivos llenos de color

No es necesario sacrificar el color frente a la productividad en un jardín de hortalizas, porque es posible disponer de cultivos al mismo tiempo útiles y de animados colores. La judía trepadora «Marvel of Venice» posee unas delicadas flores de color lila, seguidas de resplandecientes frutos de color primavera. Disponga de un arco sobre un asiento rústico y será una animada atracción, además de una forma productiva de utilizar todo el espacio disponible.

Un modo de dividir el terreno es mediante agrupaciones de colores; cultive amarillos calabacines como «Gold Rush» junto a tomates «Yellow Pear», de sabor dulce. Las judías púrpuras como «Royal Burgundy» son un buen acompañante para el colinabo del mismo color, quizás animado con la brillante variedad «Ruby Chard» de tallos

IZQUIERDA *Los impresionantes tallos de color rosa de la variedad «Rainbow Chard» constituyen una destacada característica en un margen de flores rodeado por tomillo de hábito bajo, mejorana o la aterciopelada* Viola tricolor *«Bowles' Black».*

INFERIOR *La achicoria «Alouette» añade color al jardín de hortalizas. Sus suaves y púrpuras hojas salpicadas de verde contrastan bien con el hinojo de color bronce o las lechugas de hojas rizadas.*

escarlata, mientras que las cebollas de profundo color castaño (cultive «Brunswick Red») maduran al sol. Las verdes hojas afiligranadas de las zanahorias constituyen una feliz compañía para las rizadas lechugas como «Red Sails», «Lollo Rosso» o «Salad Bowl». La variedad «Rainbow Chard» luce espectacular si se agrupa contra una pared oscura o un seto; sus tallos de un impresionante color rosa, naranja mandarina o amarillo, iluminan los días más sombríos y, además, producen una inagotable cosecha de hojas comestibles.

Algunas zonas rurales se ven invadidas por conejos y venados, por lo que se hace necesario delimitarlas en parcelas. Las vallas de alambre con postes ofrecen una base sobre la que cultivar plantas como berros, calabacines y calabazas, que introducen la última nota de color de la estación.

Cultivar plantas complementarias y senderos

La plantación de ejemplares complementarios es un aspecto característico del folclore rural, lo que le da un sentido práctico al jardín de hortalizas. Durante generaciones los jardineros han observado que determinadas hortalizas parecen desarrollarse mejor cuando se cultivan junto a otras. Las judías arbustivas parecen crecer bien al lado de remolachas y coles, aunque no les gusta demasiado ser cultivadas cerca del hinojo. Los jardineros de la Edad Media entendieron la importancia de los cultivos rotatorios –una práctica utilizada todavía en la actualidad– y de cultivar flores entre las hortalizas para un mayor beneficio. Las abejas y mariposas, atraídas por las flores, polinizan las judías trepadoras y otras plantas que dan frutos, lo que incrementa las cosechas. La maravilla (*Calendula officinalis*), con sus flores de un nítido color naranja o amarillo limón, engaña a la mosca blanca y ayuda a los tomates para que crezcan más fuertes y sanos, mientras que las mariposas destruyen engorrosas plagas de las coles y los repollos.

Para ser manejable, un jardín productivo debería diseñarse con macizos de fácil acceso y que permitan rápidas cosechas; esto implica un rutinario y práctico mantenimiento, y evitar la compactación del suelo causada por el frecuente trasiego.

Los senderos no deberían ser resbaladizos; antes, algunos jardines de hortalizas tenían senderos de cenizas. Si utiliza material suelto, como cenizas o cortezas desmenuzadas, ribetee con un elemento de madera, losetas o trozos de piedra local para evitar que entre en los macizos.

En un jardín de disposición formal, como el tradicional huerto de estilo francés, quizá con macizos simétricos y un elemento ornamental en el centro, como una gran urna de piedra o un reloj de sol, los senderos de forma regular son más apropiados. Pueden ser de ladrillos que formen un espinapez o un tramado de tejido, ribeteados con losetas de terracota, piedra, granito o guijarros unidos por cemento para una mayor estabilidad, según el material y el estilo del lugar (*véase también* «Senderos y escaleras», páginas 32-35).

Los jardineros de la Edad Media entendieron la importancia de los cultivos rotatorios –una práctica usual todavía hoy– y del cultivo de flores entre las hortalizas.

IZQUIERDA, PÁGINA ANTERIOR *Las hojas de la remolacha añaden una nota de rico color castaño a un macizo de pensamientos púrpuras y blancos. Las redondeadas hojas del berro contrastan con aquéllas, al igual que las coloreadas y comestibles flores; forma una gloriosa combinación para la remolacha troceada.*
CENTRO *Se ha dejado que las judías trepadoras corran entre las brillantes flores de la maravilla (*Calendula officinalis*), que actúa como un valioso repelente de plagas.*
IZQUIERDA *El diseño del jardín de hortalizas debería tener en cuenta tanto la textura como el color. En este caso, un informal sendero construido con irregulares piedras blancas proporciona un fácil acceso a las hileras de lechugas «Lollo Rosso» manchadas de púrpura y a los berros de flores naranjas.*
PÁGINA SIGUIENTE *Cañas entretejidas rodean este productivo jardín de flores y hortalizas. Un emparrado entre las judías trepadoras es un buen lugar desde el que disfrutar del terreno.*

Elementos funcionales

En un jardín de hortalizas es posible disponer de elementos imaginativos que sean al mismo tiempo prácticos y decorativos. Los entramados cuidadosamente colocados añaden altura e interés arquitectónico durante todo el año. Además de resultar ornamentales, ofrecen soporte a hortalizas trepadoras o frutos como las calabazas grandes y las calabazas de invierno/verano, las judías o los melones. Si desea una apariencia más informal, utilice fuertes pilares o cañas de bambú en forma de tienda de campaña. Los retorcidos troncos del avellano forman un atractivo y eficaz soporte para guisantes o guisantes de olor suavemente perfumados. Los tradicionales recipientes de terracota cumplen una valiosa función al añadir una cálida nota a cualquier parte del jardín. Disponga de urnas de piedra antigua y artesas en las que plantar ensaladas u hortalizas de hojas, de modo que configuren una apariencia atractiva.

IZQUIERDA *Cuando el espacio es limitado, los senderos son estrechos y se plantan hortalizas de desarrollo vertical como guisantes, judías trepadoras y judías verdes.*

SUPERIOR *Los recipientes de terracota resultan al mismo tiempo decorativos y funcionales. Las púrpuras hojas de la espinaca «Red Mountain» armonizan con las consueldas de color malva. La elevada* Crambe cordifolia, *con sus oscuras hojas y las aéreas y blancas flores, proporciona una ornamental pantalla al fondo de este rincón.*

Cultivar frutales

SUPERIOR *Los ricos racimos color carmín de la grosella cuelgan de los arbustos tras una hilera de púrpuros espliegos. Los arbustos frutales permiten disponer de espacio para plantar a los pies, lo que supone un aprovechamiento máximo.*
DERECHA *Un seto de manzanos proporciona un fondo viviente para un margen de vivaces y anuales. Los berros se emparraman trepando por los árboles, mientras que la alta* Nicotiana sylvestris, *de flores blancas, se aúna al cosmos de hojas aterciopeladas, en la parte frontal del margen, con la rosada* Cleome hassleriana, *el ejemplar amarillo de* Crocosmia *y las blancas dalias.*

¿Qué puede resultar más delicioso que adormecerse en una hamaca mientras se balancea suavemente entre dos viejos manzanos escuchando el revoloteo de las abejas y contemplando el brillo del sol sobre los frutales? Una informal arboleda o huerto es el lugar ideal para cultivar frutales y nogales si se dispone de espacio, especialmente en un jardín silvestre. El plantar árboles como ésos favorece la polinización; así, se producen mejores cosechas y además se facilitan el cultivo rutinario y la poda. En las regiones templadas, los manzanos y perales se desarrollan bien junto a ciruelos, damascos y cerezos. En los países mediterráneos, los ancianos y retorcidos olivos, cultivados durante generaciones, aportan una sensación de continuidad al jardín.

En un esquema más formal, los frutales se colocan contra una pared o contra alambres entre pilares verticales y con diversas formas: abanicos, cíngulos (árboles de tronco simple plantados normalmente en diagonal) o espalderas (hileras de ramas horizontales). De esta forma se ocupa poco espacio y se facilita la recolección de la fruta; pero las

Los árboles frutales a los que se da forma ocupan poco espacio, y el fruto resulta fácilmente accesible en el momento de la recolección.

plantas generalmente requieren una mayor rutina en el mantenimiento y la poda que en el caso de árboles que se desarrollan libremente. Si el jardín es muy reducido, cultive manzanos silvestres de baja estatura formando cíngulos sobre alambres horizontales; son útiles como ribetes para macizos de moras y grosellas. Es posible disponer de ornamentales y productivas divisiones con la ayuda de vallas, paneles enrejados o pilares y alambres recubiertos de vid, melocotoneros, higueras o grosellas. En primavera, las espalderas resultan particularmente atractivas cubiertas de flores, mientras que durante el verano y el otoño las ramas, suavemente extendidas, permiten una buena maduración de los frutos y aseguran una deliciosa cosecha.

Tradicionalmente, en los jardines campestres de zonas templadas podemos encontrar uno o dos manzanos. Además de constituir un buen alimento y de su versatilidad en la cocina, las manzanas tienen la ventaja de almacenarse bien en lugares frescos durante semanas, incluso meses, lo que proporciona fruta durante el invierno sin necesidad de hacer compotas. Los serbales (*Sorbus*) gozaron de popularidad en zonas rurales por sus brillantes escaramujos de color rojo, con los que se elaboraba una gelatina ácida para acompañar la carne; los frutos del manzano silvestre (*Malus*), de un rojo brillante o un amarillo dorado, se utilizaban de forma similar. Se creía que los serbales tenían el poder de proteger una casa y su jardín de las brujas, y su madera era utilizada para realizar esculturas que traían buena suerte.

IZQUIERDA *Desde tiempos lejanos las higueras se han cultivado como un valioso alimento. Las raíces presentan un desarrollo apretado, por lo que resultan ideales para plantas en grandes recipientes en la terraza, donde es posible podarlas para darles el tamaño adecuado.*
CENTRO *Este huerto de naranjos ha alcanzado el punto de madurez y desarrollo; los frutos caen al suelo, bajo los árboles sobrecargados de peso. El aroma de las flores es suave y generoso; incluso un naranjo que crezca en un invernadero perfumará la atmósfera.*
DERECHA *La dorada ciruela «Thomas Cross» posee un maravilloso color y resulta fácil de cultivar, pero si la primavera es fría, la polinización se verá afectada al disminuir la población de abejas que revoloteen a su alrededor.*

El jardín de hierbas

Cualquier planta a la que se pueda encontrar un uso –culinario, medicinal, casero o como perfume– puede clasificarse como hierba. Las hierbas han desempeñado un papel importante en la vida del hombre desde los tiempos remotos: los chinos ya destacaban su valor hace unos cinco mil años; los egipcios utilizaban hierbas para embalsamar a sus faraones; en Europa, los griegos coronaban a los atletas ganadores con laurel e hinojo, mientras que los romanos obsequiaban a los nobles guerreros con guirnaldas de hierbas. Los habitantes de las zonas rurales han apreciado desde siempre las valiosas cualidades de estas plantas; las cultivaban en sus jardines para uso medicinal, como elementos curativos para sus familias y animales, y como hierbas aromáticas para perfumar sus casas, alejar las enfermedades y añadir sabor y variedad a los alimentos.

Para el jardinero contemporáneo, gran parte de la historia y el folclore ligados a las hierbas resulta todavía fascinante, incluso cuando las creencias tradicionales sobre sus propiedades son vistas ahora como supersticiones. De hecho, todavía muchas hierbas tienen un valor inestimable en la cocina para dar sabor a las comidas o preparar infusiones, en la lucha contra las polillas y como base para remedios naturales más simples y productos de belleza. En el jardín, aunque pocas hierbas resultan plantas vistosas, o presentan grandes flores, ofrecen un amplio abanico de deliciosos aromas y atractivos follajes. En los días veraniegos, el sol provoca que liberen sus aceites esenciales, lo que llena el aire con su arrojado aroma. Si quiere reforzar la peculiar fragancia del toronjil, el fresco olor de la hierbabuena o el anisado perfume del hinojo, cultive hierbas cerca de un sendero o junto a una puerta, de modo que pueda frotar una hoja o dos entre sus dedos al pasar junto a ellas.

IZQUIERDA *La arquitectónica forma de la angélica añade altura al jardín de hierbas, mientras las hojas verde gris de la alcachofa globosa proporcionan estructura y textura. Los cebollinos crecen libremente y añaden una nota de color al esquema.*

SUPERIOR *Las delicadas frondas del broncíneo hinojo acentúan los distintos amarillos y verdes de este rincón de hierbas. El tanaceto amarillo, de cabezuelas color perla, hace que las del hinojo parezcan más frágiles, mientras que las aplastadas y densas umbelas amarillas de la aquilea (*Achillea*) añaden profundidad a la plantación*

Hierbas en márgenes y macizos

Con tal abanico de hierbas disponibles, es posible conseguir un jardín dedicado enteramente a éstas, y puesto que el número de híbridos es menor que en el caso de las plantas ornamentales, resultan adecuadas para la cálida informalidad y la sensación de tranquilidad de un jardín en el campo. Muchas de ellas lucen bien mezcladas al azar entre tradicionales flores campestres, como aguileñas, *Astrantia*, arañuela, lupinos y alhelíes amarillos, o bien creciendo libremente en el jardín.

Las hierbas combinan bien con la descuidada calidez y sensación de tranquilidad de un jardín en el campo.

Al diseñar un jardín de hierbas, un método tradicional es dividir las plantas de acuerdo con su utilización: macizos separados de hierbas culinarias, medicinales, aromáticas y para tintes. Los jardines romanos cultivaban una base formal de macizos cuadrados o rectangulares con setos de boj; estas formas recortadas rodeaban hierbas con diferentes usos, pero era posible encontrar un diseño mucho más informal en un jardín campestre donde simplemente se habían separando los macizos con líneas de piedras o guijarros, o senderos de césped. En un jardín pequeño, una idea para ahorrar espacio consiste en disponer de un macizo de hierbas en una antigua rueda de carro sobre el suelo o en un macizo elevado y circular. En cada sección de la rueda, se puede cultivar una hierba distinta, aunque es preferible elegir sólo aquellas que se desarrollen bajo las mismas condiciones, y seleccionar los tipos de bajo crecimiento para que el diseño presente un máximo impacto.

Agrupe las hierbas por colores particularmente atractivos; aunque pocas presentan flores espectaculares y brillantes, en muchas de ellas el follaje resulta interesante, variegado y colorido. Plante hierbas jaspeadas en amarillo, de hojas doradas, como el tomillo dorado (*Thymus caespititius* «Aureus»), el orégano del mismo color (*Origanum vulgare* «Aureum» o «Gold Tip»), la salvia dorada (*Salvia officinalis* «Kew Gold») y la menta (*Mentha x gracilis* «Variegata»), con hojas manchadas de amarillo; en otro macizo, cultive plantas de color bronce y púrpura; el satinado hinojo de color bronce cobrizo (*Foeniculum vulgare* «Purpureum»), la salvia de color púrpura (*Salvia officinalis* grupo «Purpurascens»), la albahaca de color púrpura (*Ocimum basilicum* var. *purpurascens*), la lavanda (*Lavandula angustifolia*) y la forma con flores de color lila de la bergamota (*Monarda fistulosa*). Un macizo dominado por el color blanco y plata podría incluir el tomillo de color plateado (*Thymus vulgaris* «Silver Posie»), la santolina gris (*Santolina chamaecyparissus*) y el ajenjo (*Artemisia absinthium* «Lambrook Silver»).

Muchas hierbas resultan deliciosas acompañantes de los márgenes de flores, entre ornamentales vivaces y arbustos. El ligústico (*Levisticum officinale*) y la angélica (*Angelica archangelica*) presentan arquitectónicos y altos racimos orgullosamente firmes junto a los rosales, la roja valeriana y las grandes flores de las margaritas. Los cebollinos (*Allium schoenoprasum*) forman un atractivo ribete, con sus estrechas y cilíndricas hojas y cabezuelas florales de color rosa malva, mientras que el tomillo

IZQUIERDA *Este clásico jardín de hierbas se basa en un diseño sencillo. El sendero central, que conduce a una rosaleda, se ve rodeado de un mar de lavanda y pie de león (*Alchemilla mollis*) con brillantes toques de color que proporcionan los geranios.*
SUPERIOR *Junto al hinojo, las espigas de la hierba carmín (*Phytolacca americana*) añaden altura a este formal y cuadrado macizo ribeteado por la ruda (*Ruta graveolens*).*

IZQUIERDA *Ramilletes de cabezuelas florales de hinojo y mejorana cuelgan al sol para secarse. Además de su decorativa apariencia, las hierbas vivaces como éstas, al secarse, son de utilidad en invierno para las comidas.*

INFERIOR *Un rústico banco acoge una mezcla de diferentes variedades de tomillo; en este caso, el visitante puede sentarse y contemplar el jardín mientras frota las hojas del tomillo para disfrutar de su perfume. Un mirto variegado ribetea el macizo y crece junto a berros, cebollinos y malvas.*

DERECHA *Las globosas cabezuelas púrpura de* Allium *y las flores color albaricoque de* Nectaroscordum siculum *subsp.* bulgaricum *destacan entre suaves grupos de hierbas, contenidas por un marco de boj recortado.*

(*Thymus*) desarrolla su colorido follaje y menudas flores entre los espacios que deja el pavimento y sobre los límites de un sendero o patio. La consuelda (*Symphytum*) es una planta excelente para un jardín silvestre, con flores de color azul, malva o crema, y numerosas hojas sencillas. Antiguamente, se conocía a nivel popular en inglés como *knitbone* («hueso de unión») porque se creía que tenía propiedades curativas; de hecho, favorece el desarrollo celular ya que ayuda a cicatrizar las heridas y magulladuras. En el jardín, la consuelda puede utilizarse también como abono verde: cultívelo en un terreno de barbecho, y cave para mejorar la fertilidad del suelo.

Aunque de desarrollo alto, el hinojo (*Foeniculum vulgare*) posee un follaje suave y plumoso de color verde o manchado de bronce que permite distinguirlo entre otras plantas, por lo que puede plantarlo en la parte frontal de un margen si quiere añadir una sensación vertical. El lúpulo dorado (*Humulus lupulus* «Aureus»), con sus gloriosas hojas de un amarillo ácido, combina bien con otras trepadoras, como la madreselva o una clemátide de flores azules, o bien sobre una arcada que dé entrada a un jardín de hierbas. La bergamota (*Monarda didyma*), con sus rojas flores y sus hojas de nerviaciones color rubí, es otra buena candidata para un margen de flores; sus hojas se han utilizado durante siglos como infusión, y hoy en día todavía es un componente esencial del característico aroma del té matutino.

Hierbas en recipientes

En el siglo XVI, los habitantes de las zonas rurales de Europa cultivaban «hierbas de maceta». Los recipientes de terracota, agrupados junto a la entrada de la granja o colocados en la repisa de la cocina, se llenaban de hierbas como salvia, tomillo, laurel, romero e hisopo, que añadían sabor a las salsas, sopas y estofados. Las noches veraniegas se perfumaban con hierbas cultivadas en macetas: la lavanda, con sus masas de cabezuelas púrpura, que podían secarse para perfumar la ropa blanca o utilizarse contra la polilla; el coriandro o cilantro, de delicadas flores, usado para dar sabor al pan y las hortalizas; la salvia, considerada como curativo universal y empleada en infusiones para mejorar la memoria y la concentración, y el puntiagudo romero, símbolo de fidelidad y recuerdo, insustituible en la cocina y poderoso antiséptico.

Incluso el más pequeño de los jardines debería tener un espacio para cultivar hierbas en recipientes: coloque macetas con hierbas en hileras en los peldaños de las escaleras, utilice recipientes de terracota junto a un muro bajo o un banco del jardín, o sitúe un laurel (*Laurus nobilis*) al que se haya dado forma junto a la puerta frontal si quiere dar altura y estructura a un grupo de macetas con maravilla (*Calendula officinalis*), de color naranja brillante, blancas lavandas (*Lavandula angustifolia* «Nana Alba») y camomila (*Chamaemelum nobile*).

El sabor de los huevos frescos producidos de manera artesanal resulta claramente superior a los obtenidos en modernas granjas equipadas con maquinaria sofisticada.

Cuidar los animales domésticos

Originalmente el poseer un jardín campestre era una cuestión de subsistencia; la tierra se utilizaba para producir lo que se iba a comer o vender en el mercado. Ahora, mientras muchos jardineros saborean las hortalizas frescas que ellos mismos cultivan, se enfrentan a la idea de mantener el ganado. Sin embargo, las aves y otros animales, como pollos, patos, gansos, incluso cabras, añaden una nota de vida, humor y sonidos distintos, que hace irresistible un jardín campestre.

Las gallinas que pasean libremente entre hileras de hortalizas o sobre la hierba de una arcada conforman una animada escena. El sabor de los huevos frescos artesanales es claramente superior al de los obtenidos en modernas granjas mecanizadas. Otra ventaja es que los pollos son útiles para evitar las plagas de insectos en el jardín, una manera realmente tradicional de control biológico. Las crías clásicas presentan además un decorativo plumaje. Con frecuencia, los gallos resultan

particularmente vistosos, y su orgulloso cacareo es un sonido típicamente rural, aunque pueden resultar tan dominantes sobre su territorio y sus gallinas que quizá rompan la armonía del terreno. Antes de decidirse a comprar, siga los consejos de los expertos o consulte obras especializadas en la cría de pollos que incluyan el tipo, número y sexo de las aves. Las gallinas deben encerrarse por la noche contra posibles depredadores, preferentemente en un gallinero seguro, con estancias donde depositar sus huevos sin que se las moleste.

En general, los patos son criaturas cómicas, que rápidamente se hacen querer por los propietarios. Si en su jardín dispone de un estanque o corriente, piense en tener unos cuantos ejemplares. Hay numerosas especies, algunas muy decorativas, y resultan encantadoras, e incluso divertidas, cuando se deslizan por el agua o anadean sobre el jardín. Una pequeña isla en un lago puede adornarse con una caseta para patos construida a partir de un barril al que se le haya separado la

IZQUIERDA *Un atractivo gallo moteado y las gallinas que buscan insectos que comer entre la hierba reducen la acción dañina que causan las plagas.*
CENTRO *Un grupo de gansos forrajea en un terreno silvestre, limitado por una robusta valla rústica. Una zona como ésta o una arcada resultan ideales para los gansos, que tienden a ser criaturas desordenadas, y por tanto poco adecuadas para un jardín formal y ordenado.*
INFERIOR *Las blancas palomas con cola en forma de abanico confieren movimiento y encanto al jardín. Un palomar grande puede acoger varias parejas, que vivirán juntas de manera satisfactoria.*

Las moras negras se vuelcan sobre los setos durante el otoño, y al recogerlas, manchan los dedos con el color del vino.

La cosecha recolectada

Buscar alimentos naturales en los setos, bosques, campos o matorrales de nuestro jardín campestre es uno de los mayores placeres de la vida rural. ¡Qué satisfactorio resulta andar con un cesto para recoger champiñones de sombrero color crema, tocados por el rocío, listos para freír en el desayuno, o hermosas bayas de arañón azuladas con las que fabricar un licor para consumir en las frías noches de invierno! Cuando recoja las bayas, las hojas o los hongos, asegúrese de identificar las plantas, porque algunas especies son venenosas aunque se parecen a ejemplares no tóxicos. Inicialmente, es mejor estar acompañado de un experto y llevar una guía ilustrada. Si duda de la identidad de una planta, actúe con precaución y no la recoja.

Un paseo por el campo puede descubrirnos algunos tesoros, como las fresas silvestres de principios de verano, especialmente en los márgenes del bosque, mientras que el otoño es la mejor época para recolectar otros frutos. Las moras negras caen sobre los setos y manchan los dedos con el color del vino al recogerlas. Son un buen ingrediente de los pasteles de manzana, los sorbetes, los helados y las compotas. A mediados de otoño, otras bayas y frutas esperan ser recolectadas. Las bayas de los serbales cuelgan en ricos racimos escarlatas, y las

manzanas silvestres de color rojo y dorado brillante parecen maravillosamente tentadoras, listas para preparar gelatinas con las que acompañar la carne. Prense los tapaculos, ricos en vitamina C, y elabore un jarabe inmediatamente después de que hayan sido arrancados de sus espinas, si no quiere que pierdan sus propiedades; también pueden añadirse a la sopa o el vino.

Tanto las flores como los frutos del saúco merecen particularmente ser recolectados. A finales de primavera o principios de verano, recoja las cremosas cabezuelas florales y obtendrá un delicioso sorbete de un delicado sabor a moscatel. Como alternativa, puede batirlas, freírlas y espolvorearlas con ázucar para un inusual pastel. Con las flores también puede preparar una bebida no alcohólica, conocida como *champagne* de saúco, que se comercializa en algunos países, mientras que con las bayas se fabrica un rico y buen vino. Si combina las bayas con las manzanas obtendrá una deliciosa gelatina, especialmente apreciada por los niños, y si lo hace con las uvas espinas conseguirá un sirope. Otros frutos como los arándanos, las bayas del guillomo, las gayubas, los damascos y los pequeños ciruelos franceses conocidos como mirtilos resultan excelentes para pasteles, púdines y compotas.

IZQUIERDA *Las bayas azules del guillomo cuelgan en ricos y apretados racimos. Similares al arándano del norte de Europa, deberían recogerse únicamente una vez que hayan madurado, cuando se desprendan fácilmente del racimo.*
CENTRO *El espino blanco y el arañón a menudo crecen juntos. El arañón se ha utilizado durante años para fabricar licor, mientras que las bayas de espino blanco servían de alimento en épocas de escasez.*
SUPERIOR *Los tapaculos y las moras negras maduran unas junto a otras en un seto campestre. Las moras pueden comerse crudas o cocinadas, o utilizarse en mermeladas o gelatinas. Tradicionalmente, los tapaculos se usaban para siropes, que se tomaban en los meses invernales, sin frutos, para evitar los resfriados.*

Hierbas, frutos secos y setas

Muchas hierbas que crecen silvestres tienen un uso en la cocina. Puede recolectar la acedera silvestre para su utilización en salsas o para añadir unas cuantas hojas tiernas a una ensalada verde por su distintivo sabor fuerte. El tomillo silvestre, la menta y la mejorana resultan menos decorativos que las variedades de jardín, pero su sabor es igual de bueno. Recoja las hojas jóvenes de las urticantes ortigas –con guantes, por supuesto– al principio de la estación para cocinarlas igual que las espinacas o para obtener una sopa; no recolecte ortigas después de iniciado el verano porque las hojas más viejas actúan como purgante. Si bien el diente de león se considera una mala hierba en el jardín, las hojas jóvenes son excelentes ligeramente hervidas y añadidas a la ensalada; las raíces también pueden arrancarse, triturarse y tostarse para fabricar una bebida bastante parecida al café.

Recoger castañas es un delicioso pasatiempo para las tardes de otoño; las hojas crujen bajo los pies, mientras la luz del sol penetra a través de la copa de los árboles. Tradicionalmente las dulces castañas se tuestan al fuego, pero también puede hacerse una sustanciosa sopa o utilizarse para formar parte de pastas y pasteles. En Europa se guardan las bellotas para preparar una bebida parecida al café, y los nativos americanos ya las empleaban, aunque hoy en día su popularidad ha decrecido.

Las avellanas son excelentes como ingredientes para dulces, pasteles y púdines, y para fabricar licores, pero recójalas antes de que maduren porque son un alimento muy apreciado por las ardillas y otros roedores.

Es posible recolectar setas en todas las estaciones, aunque normalmente el otoño es la mejor época. Algunas especies crecen en campo abierto, otras en lugares boscosos; con frecuencia, el bosque de hayas es una fuente particularmente buena. Asegúrese de que diferencia las especies; aunque pocas son claramente venenosas, algunas se parecen. Para recolectar hongos, húndalos ligeramente, con todo el tallo. Colóquelos en un cesto abierto o en una bolsa de papel mejor que en una de plástico, porque si se conservan tapados se estropean.

Junto a los más conocidos, y más solicitados, las calabazas (*Boletus edulis*), las cabrillas (*Cantharellus cibarius*) y las fugaces trufas (*Tuber melanosporum*), existen otros muchos hongos que acompañan adecuadamente a la carne. Están las deliciosas colmenillas (*Morchella esculenta*), los champiñones de pálido color ostra (*Pleurotus ostreatus*), los blancos champiñones silvestres (*Agaricus campestris*) y el maravillosamente denominado cuerno de la abundancia (*Cratarellus cornucopioides*), con forma de embudo. La mayoría pueden cocinarse o comerse crudos, o guardarse para usos posteriores secándolos o poniéndolos en adobo. Algunos son deliciosos en sopas o estofados, mientras que otros resultan lo suficientemente buenos como para ser consumidos solos, quizás rellenos y servidos enteros, en salsa para *risotto* o pasta, o simplemente salteados y servidos con huevos revueltos.

IZQUIERDA *Las cabezuelas florales de los girasoles se han dejado secar al sol. Puede abrir las semillas y comer las pepitas, o utilizarlas en la fabricación de pan.*
SUPERIOR *El clitocibe (*Lepista nuda*) aparece a finales de otoño; es uno de los hongos más deliciosos, pero en algunas personas puede producir alergia, por lo que es preferible probar un poco primero.*
DERECHA *Junto a una gran calabaza de vivo color, las castañas se asoman de sus cáscaras, parecidas a un erizo. Resultan particularmente deliciosas asadas en una barbacoa una noche de invierno.*

El mobiliario PERFECTO

Al final de un largo y pesado día, ¿qué mejor que disfrutar del aire de la noche sentado en su silla favorita en el jardín, o reunirse alrededor de una simple mesa con los amigos para gozar de una relajante cena y una amable conversación? Un mobiliario de jardín apropiado, colocado en el sitio correcto, contribuirá enormemente al estilo y talante del terreno. Los adornos bien elegidos y las macetas con plantas también tienen su papel; aportan carácter e individualidad, además de un toque personal durante todo el año. Los placeres de una construcción acuática, como un estanque o una corriente, no deben subestimarse: el agua añade vitalidad y sonido, y atrae la vida silvestre. En un jardín campestre los detalles son importantes; las pequeñas cosas captarán la atención, crearán una atmósfera relajante y transmitirán la sensación de que todo funciona correctamente. Las herramientas de jardín viejas dejadas junto a la puerta trasera o una regadera un poco deteriorada sobre un sendero sugieren un aire de continuidad y funcionamiento, mientras ofrecen un momento de paz y tranquilidad en un mundo demasiado ocupado.

IZQUIERDA *Una mesa pintada, al aire libre, y unas sillas bajo la sombra de un rosal trepador consiguen una composición armónica y natural.*

SUPERIOR *Un baño de mármol italiano del siglo XIX se ha transformado en un atractivo mobiliario acuático; añade una dignidad intemporal a un rincón sombrío. Los anchos y maduros escalones de piedra armonizan con las clásicas líneas y la sencillez de aquél.*

Elección del mobiliario del jardín

Antes de que llegara la electricidad a las zonas rurales, muchas tareas domésticas se realizaban en el exterior con rapidez y aprovechando la luz del día. Un sencillo banco era un lugar donde sentarse mientras se hilaba la lana, se remendaba la ropa y se preparaban las verduras para cocinar. Los bancos de piedra a la sombra de un muro todavía resultan comunes en los jardines mediterráneos, y son una tentación para el descanso. Un patio o terraza amueblados con sillas cómodas y una gran mesa se convierten en una habitación externa donde toda la familia se reúne al aire libre, protegida quizá del calor del sol por un árbol o una pérgola, y rodeada de plantas con un dulce perfume.

Cuando busque un mobiliario permanente para el jardín, piense cuidadosamente en su emplazamiento. La elección natural es un terreno desde el que se contemple una buena vista, como una colina lejana, o un elemento más cercano, aunque no por ello menos agradable, como un estanque ribeteado de juncos, un rosal particularmente delicado o un macizo de hierbas aromáticas. Un asiento del jardín constituye por sí mismo un elemento característico de aquél, por lo que es mejor que primero pruebe con una silla del interior de la casa situándola en distintos lugares. Así, podrá hacerse una idea sobre el equilibrio y la apariencia de cada zona, y ver qué papel desempeña en el diseño desde ángulos diferentes. Piense también en la función

IZQUIERDA *Durante los veranos cálidos y largos se pueden dejar las sillas de la casa en el exterior, alrededor de una mesa y a la sombra fresca de un árbol. Los alimentos parecen tener más sabor cuando se toman al aire libre, con la compañía del canto de las aves y de los grillos.*

INFERIOR *Un banco de madera situado en un jardín silvestre proporciona un fuerte punto focal así como una perspectiva desde la cual observar la escena con tranquilidad. Las margaritas se mueven con la suave brisa entre las gramíneas.*

INFERIOR *Un sillón de mimbre pintado bajo un árbol pequeño proporciona el lugar ideal para la siesta. Miles de ranúnculos crecen entre la fresca hierba y crean una zona de oasis de incultivado esplendor.*
DERECHA *Un adornado banco de hierro y madera añade un toque sofisticado y una estructura formal que complementa los márgenes claramente herbáceos. Un vigoroso rosal trepador cae en cascada desde un árbol grande y origina una atmósfera romántica y etérea.*

práctica del mobiliario: ¿busca un asiento lejos de la casa que le ofrezca paz y soledad, un grupo de sillas para ocasiones sociales, o ambas cosas? Si la zona donde está el banco o silla se encuentra a pleno sol, será preciso disponer un poco de sombra.

Incluso en las regiones donde el clima es variable o intempestivo, el mobiliario permanente de piedra o de madera tratada posee un importante papel ornamental; esos materiales evitan además que los muebles se estropeen con la lluvia. Un sillón de madera circular o hexagonal que rodea el tronco de un árbol grande ofrece un delicioso descanso bajo las expansivas ramas mientras se contempla el jardín. Puede construirse en un muro alto de piedra o ladrillos para crear una zona protegida desde donde apreciar el jardín, incluso en un día de viento. Servirá también como borde de macetas, con arbustos perennes, durante los meses de invierno.

Quizá prefiera un lugar iluminado; coloque las sillas y mesas de forma que pueda trasladarlas a diferentes áreas del jardín. Una mesa simple, de tablillas de madera, junto a sillas del mismo material y de lona, resultan al mismo tiempo atractivas y de fácil traslado, mientras

que los tradicionales sillones rayados añaden una apariencia pausada y particularmente apropiada en los jardines de costa. Una hamaca atada entre robustos árboles u otros soportes fuertes será perfecta para relajarse en un tranquilo día veraniego. Algunas hamacas sencillas son simplemente una red de cordel fino; hay otras versiones más elaboradas y entretejidas, que se pueden adquirir en tiendas de regalos entre un amplio abanico de colores y modelos.

Tanto si se trata de un banco sencillo como de una mesa de hierro forjado ornamentado y sillas, o de una gandula chic de madera, el mobiliario exterior que elija le ayudará a crear la imagen global del jardín. Es mejor que busque elementos que armonicen con las demás estructuras del diseño, antes que adquirir modelos que resulten dominantes. Los terrenos costeros rodeados de muros de piedra con líquenes preferirán piezas simples, sin pretensiones. Las mesas rústicas y las sillas moldeadas por los aires salinos toman una apariencia que combina bien con el entorno del jardín. Cuando los veranos son largos y secos, las sillas cubiertas de tela y las mecedoras con toldos pueden dejarse en el mismo lugar día tras día para que se blanqueen con el sol.

SUPERIOR *Una hamaca que cuelga bajo las ramas de un árbol ofrece un sombrío lugar de descanso desde el que apreciar las pálidas flores de la dulce roqueta, la aguileña, los alhelíes amarillos y los rosales de rocalla que crecen entre la verónica de color azul púrpura.*

PÁGINA SIGUIENTE *La mesa de hierro y las sillas combinan perfectamente con la apariencia silvestre y natural de este jardín campestre. La valeriana roja y* Weigela *crecen bajo la suave luz de la noche.*

Los suaves azules, grises y verdes combinados en el jardín ofrecen variedad de tonos y matices, mientras que los colores fuertes atraen la atención inmediatamente.

Un jardín campestre más formal, quizá con un ribete de boj recortado y otras especies, pide un asiento más refinado. Los asientos fuertes de madera recia con respaldos de tablilla parecen encontrarse como en casa entre rosales de tipo estándar y oscilantes clemátides. Hay un amplio margen de diseños, como enrejado, *chinoisierie* y el clásico estilo Lutyens; se puede elegir, por tanto, según el gusto particular y el diseño del jardín. Las sillas de hierro forjado o de metales más ligeros tienen la ventaja de no tapar la vista. Normalmente, están pintadas o tratadas con una sustancia anticorrosiva; algunas presentan diseños ornamentales, como hojas entretejidas y flores, mientras que otras se rebajan, con un respaldo sencillo de arcada gótica o barras verticales.

Añadiendo un color adecuado, una silla ordinaria de madera puede transformarse en un elemento impresionante. Los suaves azules, grises

y verdes combinan bien en el jardín y ofrecen sutiles variaciones de tono y matiz, mientras que los colores fuertes atraen la atención de forma inmediata. En las regiones frías, donde el período de floración es relativamente corto, las sillas y mesas coloreadas avivan el jardín. Las silenciosas tonalidades naturales de un sólido muro de piedra o de un viejo cobertizo con el tejado de hierro enmohecido y ondulado conformarán un impresionante efecto junto a un banco de vivo color verde esmeralda o rojo tomate. La pintura decapante proporciona a un objeto artificial, como una silla o una mesa, una apariencia más natural, como si hubiera crecido con el resto del jardín. Si desea una apariencia más formal, quizá sea mejor una capa de pintura fresca. Elija la tela de los asientos o cojines sueltos con colores que armonicen con las plantas de alrededor; o si desea introducir un elemento de sorpresa, escoja colores marcadamente contrastantes.

IZQUIERDA *La silla pintada es un componente clave del esquema de color de este fresco jardín; se hace eco del color del flox situado detrás.*

CENTRO *Una tranquila zona de descanso se ve animada con la introducción de una tumbona a rayas rojas y blancas.*

SUPERIOR *Con la densa e informal plantación se ha conseguido una atmósfera campestre en este jardín urbano. Las hojas de color rojo del guillomo forman un impresionante contraste con el suave verde de la mesa y la silla, que combinan con el entorno.*

SUPERIOR *Un reloj de sol colocado sobre un pilar de piedra actúa como un ancla y punto focal para esta zona del jardín. Su forma, sencilla y robusta, contrasta con el desperdigado crecimiento foliar de las calabazas que lo rodean.*

DERECHA *Incluso un buzón puede constituir un divertido y ornamental elemento del jardín. A simple vista, parece una pajarera, pero los orificios son demasiado estrechos, y ningún pájaro escogería una casa tan expuesta.*

Ornamentos del jardín campestre

Los elementos ornamentales proporcionan un punto de atención y sorpresa al jardín; ayudan a crear un estilo y una atmósfera particulares, al tiempo que añaden interés estructural. Además son reflejo de la personalidad e imaginación del propietario del terreno, ya que permiten toques de expresión individuales. En un jardín rural, los ornamentos pueden evocar tiempos pasados, lo que establece una línea de continuidad con el presente. Una gastada rueda de carro apoyada contra la pared de un viejo establo o un sencillo cobertizo nos trasladan a los tiempos en los que el caballo era más importante que el automóvil, y el transporte, más tranquilo que ahora.

Merece la pena encontrar tiempo para buscar los ornamentos más adecuados. El diseño, el tamaño y los materiales de cualquiera de los ornamentos debería estar en consonancia con el estilo del jardín. Una figura neoclásica expuesta totalmente parecería en exceso formal en un jardín campestre de reducidas dimensiones, por ejemplo, pero resultaría perfecta medio escondida entre helechos. Piense en si lucirá mejor como punto de atracción, quizás al final de un sendero ribeteado con flores o contra un fondo oscuro de setos de tejo, o por el contrario si será mejor situarlo en una posición menos obvia, de forma que el visitante lo descubra casi por casualidad y disfrute con ello. Inspírese en el estilo y las características del jardín, y en los materiales y rasgos del paisaje local.

Un reloj solar sobre un pedestal de piedra forma un interesante punto focal; puede colocarse en el centro de un jardín formal de rosas o en un huerto tradicional, para que actúe como base a partir de la cual se realiza la plantación de la zona. Rodeado de rosales arbustivos de color rosa y blanco, bajo los que se han plantado lavandas, un reloj de sol sugiere orden y regularidad entre la abundancia de plantas.

Los bañadores para pájaros resultan ornamentales al tiempo que beneficiosos para estos animales y para los aficionados a ellos. Cualquier recipiente a la sombra, con agua, de un tamaño razonable, colocado cerca de arbustos, resultará atractivo para los pájaros. Los de piedra ornamentados, situados en lo alto de un pedestal, añadirán altura a un macizo de plantas de hábito bajo, y permitirán que los pájaros se bañen y beban seguros, lejos del alcance de los gatos. Los platillos grandes y de colores, llenos de agua, atraerán a las aves; colocados sobre una zona pavimentada, reflejarán el cielo e introducirán, por tanto, una inesperada nota de color.

Las piedras de apoyo, con una apariencia sin pretensiones, rústica, constituyen un elemento distintivo en un jardín campestre. En forma de seta, se utilizaban originalmente como soporte de graneros de madera porque era difícil que los roedores treparan por ellas. Colocada hacia el extremo de un margen de flores, una piedra de apoyo atrae la vista y enfoca la atención hacia las formas más libres de las plantas que la rodean. Sitúe un par junto a una verja o sendero para señalar una

entrada. En zonas agrícolas, las paredes de edificios de ladrillos parecen más atractivas decoradas con algún elemento de hierro y otros utilizados para los caballos, como bridas, arneses y herraduras.

Tradicionalmente se colgaba una herradura sobre la puerta de entrada para que trajera buena suerte; se creía que si se colocaba de forma que el extremo apuntara hacia abajo, la suerte del propietario no terminaría.

Se han utilizado las estatuas para decorar los jardines desde tiempos remotos. Los romanos colocaban figuras de los dioses en sus jardines, e incluso ahora un rincón con una estatua rodeada de plantas casi tiene el aire de un santuario. Las estatuas pequeñas y bien trabajadas, o incluso fragmentos rotos de una figura, se adecuan a un jardín rural. Una cabeza de una sacerdotisa griega situada bajo un árbol y rodeada de plantas silvestres y de hierba añade un toque humano a las abstractas formas de las plantas. Una rana de piedra fisgando tras las hojas de un ejemplar de *Hosta* introduce un elemento de sorpresa, y complementa la forma y la textura del follaje.

Los elementos arquitectónicos de piedra, como esferas, pilares y cubos, con sus marcadas formas geométricas, proporcionan una sensación de consistencia y estructura que combina bien con las plantas silvestres, o con las distintivas siluetas de los setos recortados ornamentalmente. Coloque una esfera de piedra frente a un margen de forma que se vea rodeada por las plantas como un marco viviente, o al pie de una hilera de escalones como punto de atención. Un pilar de piedra u obelisco atraerá la atención hacia una parte determinada del jardín, y será un punto de interés vertical durante todo el año (*véase también* «Soportes para las plantas», páginas 127-131).

Los platos con diseños de bajorrelieve o las escenas y máscaras decorativas normalmente están hechos de conglomerado y piedra o de terracota, aunque las máscaras de madera pueden tratarse con alguna sustancia protectora y colgarse en la pared. Montado sobre un muro de piedra y semioculto por hiedra y clemátides, un plato proporciona un impacto adicional a una plantación simple. Si quiere un elemento único, diseñe un mosaico con un modelo geométrico, quizás uno que imite las distintivas formas de las plantas; las losetas de mosaico pueden colocarse sobre el suelo o sobre una pared con ayuda de cemento.

Los terrenos rurales que incluyen áreas grandes de césped, zonas plantadas de manera informal, bosques o dunas costeras pueden necesitar de elementos ornamentales que parezcan naturales más que fabricados por el hombre. Objetos como troncos o ramas de árboles cubiertos de moho, piezas irregulares de piedra, guijarros, conchas o maderas de derivas forman interesantes texturas y figuras moldeadas por la naturaleza. Con formas rodadas, las pequeñas y delicadas flores del ciclamen parecen anidar entre ramas de árboles cubiertos de líquenes y colocados cuidadosamente. Un tronco de árbol que cae forma una atractiva base para primaveras en amarillo claro y *Anemone blanda*.

IZQUIERDA *Un plato del mismo color que la piedra actúa de bañera para pájaros, de forma que el agua refleja el cielo y las plantas de encima. Su tranquilo color armoniza con las sutiles formas de las amapolas (*Papaver rhoeas*), que florecen libremente alrededor.*

SUPERIOR *Una pajarera pintada de color crema, rosa y verde casi está escondida de la vista entre el follaje y ofrece un nido seguro para un pájaro pequeño.*

DERECHA *Una piedra de apoyo se asienta cómodamente entre la fragante rosa híbrido almizcleño «Penelope»,* Sisyrinchium striatum *y las grises hojas de la oreja de cordero (*Stachys byzantina*), y su ruda textura y distintiva forma contrastan bien con la suavidad de las plantas.*

Los elementos arquitectónicos confieren una sensación de solidez y estructura, que combina bien con las plantas silvestres.

IZQUIERDA *Una doble arcada sobre una verja de tablillas baja proporciona un atractivo soporte para las judías. Una farola resistente al mal tiempo cuelga de un arco; de noche sirve de guía y da la bienvenida al visitante.*

SUPERIOR *Un sombrerete de chimenea antiguo, oscurecido por el paso del tiempo, añade un toque original y un sólido punto focal a un margen densamente plantado con* Allium aflatunense, Sisyrinchium striatum, *valeriana roja y un geranio de floración prolongada.*

SUPERIOR *Si cambia periódicamente la posición de estas macetas de terracota, y sustituye las plantas cuando han dado lo mejor de sí, mantendrá el jardín con una apariencia viva y vibrante.*
CENTRO *Una joven hierbaluisa (*Aloysia triphylla*), recortada como un estándar y rodeada de una lavanda y una hierba gatera (*Nepeta*). Durante los meses más fríos, la maceta puede trasladarse a un invernadero para su protección.*

Recipientes campestres

Hay una interminable variedad de recipientes específicos –tinas y macetas, barriles y pozales, artesas y bateas–, y con un poco de imaginación, se pueden adaptar otros receptáculos para sostener plantas o funcionar como ornamentos. Desde la época de los romanos se han utilizado recipientes en los jardines y, hoy en día, muchos de los estilos resultan familiares, por cuanto han sufrido pocos cambios. En terrenos con un suelo pobre, el jardinero puede plantar un abanico mayor de plantas si utiliza recipientes; son ideales para las plantas jóvenes en climas fríos porque pueden transportarse en invierno para protegerlas.

Las macetas sencillas y las tinas actúan como fondo de plantaciones más elaboradas; se pueden utilizar en grupos sin parecer demasiado exigentes. Alinee las macetas de terracota sin adornos y plantadas con hierbas en un muro bajo o en la repisa de la ventana de la cocina para facilitar el acceso a ese tipo de plantas. Agrupe las macetas en la puerta trasera para acercar el jardín a la casa o coloque tinajas llenas de plantas

INFERIOR *Una maceta con los lados pintados casa bien con las variegadas hojas de* Glechoma *y* Euonymus, *a la derecha. El aire informal se ve reforzado por la floración libre de la campánula y los rosales.*

junto a la verja delantera o en el camino de entrada para ofrecer una buena bienvenida.

Elija recipientes que combinen con el estilo y la atmósfera de su jardín. Junto a barriles de madera partidos por la mitad, cultivadores estilo Versalles, macetas de arcilla y palanganas, urnas de piedra y artesas, también puede utilizar recipientes de conglomerado, fibra de vidrio, resina y plástico duro. Aunque resultan más económicos y con frecuencia más ligeros que los de materiales naturales, tienden a no alterarse con el tiempo, por lo que parecen poco apropiados en un entorno campestre; cultive plantas que caigan sobre los lados.

Los barriles partidos por la mitad proporcionan un buen servicio durante años y, si no se pintan, presentan un atractivo natural, rústico. Como son pesados, antes de rellenarlos de tierra abonada, realice pruebas en distintos lugares. Las macetas de terracota se hallan disponibles en un amplio abanico de estilos y con diferentes decoraciones, como guirnaldas, festones o modelos entretejidos. Algunas macetas son vulnerables frente a las heladas; en regiones frías, debe reducir el riesgo de que se rompan elevándolas un poco

SUPERIOR *Este barril de madera partido por la mitad es el compañero perfecto para una puerta de establo y un pavimento de ladrillos antiguos porque enfatiza la apariencia campestre del conjunto. Equilibrados por un fondo de hiedra, los esbeltos lirios reales (*Lilium regale*) expanden su perfume hasta la casa.*
DERECHA *Las coloridas amapolas ocupan una antigua carretilla. Aunque en ocasiones estos objetos llenos de flores se apartan como un clisé, tienen la ventaja de ser transportables, con lo que es posible llevar una nota de color instantáneamente a otra zona más apagada del jardín.*

respecto del suelo con ayuda de ladrillos o pies de terracota diseñados para ello.

Los recipientes pueden mejorarse con tinas grandes, cestas, albañales de piedra, barriles de cerveza y jerez, sombreretes de chimenea, cajas de madera y artesas de animales. El exceso de agua debe poder eliminarse, por lo que si es necesario haga orificios de drenaje en la base. Un albañal de piedra resulta perfecto para crear un jardín en miniatura. Las plantas de hojas pequeñas que han de empequeñecerse y hundirse por los pesados vecinos crecerán en un albañal, que dibuja un sencillo marco para ellas. Cultive la hermosa *Sisyrinchium bellum*, con sus hojas tipo lirios y sus flores azules, junto a los claveles miniatura (*Dianthus*) y el flox.

Los largos abrevaderos de madera para animales constituyen recipientes inusuales, que lucen bien en un esquema semisilvestre. Eran bajos porque se utilizaban originalmente para la comida de los patos o los pollos, por lo que resultan adecuados para un lado de la terraza, donde no obstacularizarán la vista del resto del jardín. Los más hondos, usados antiguamente para la comida de las reses, los cerdos y las ovejas, eran a veces de metal e incluso de piedra. Al ser pesados, deben colocarse en una posición definitiva.

Los sombreretes de chimenea son ideales para las plantas rastreras y para añadir altura a un grupo de macetas o tinas, que pueden adquirirse con diferentes alturas, o bien desenterrar algunas viejas poco usuales en terrenos abandonados: por ejemplo, macetas cuadradas o con detalles ornamentales, como un ribete o dibujos estampados sobre arcilla. Cultive plantas en macetas separadas y entonces muévalas hasta la parte superior del sombrerete de chimenea; podrá cambiarlo rápidamente y de forma fácil si quiere conseguir una apariencia distinta.

Una cesta llena de plantas sobre una mesa o una vieja silla de madera poseen un encanto natural. Los cestos añaden una textura interesante y puede pintarlos de modo que complementen el mobiliario del jardín, o constituyan una buena base para una determinada planta. Sin embargo, su duración es limitada y deberían protegerse con un barniz de poliuretano o una capa de pintura si quiere alargar su vida. Primero coloque las plantas en macetas de flores y después agrúpelas en la cesta; podrá sacarlas y sustituirlas cuando sea necesario.

Un terreno desnudo parecerá más animado colocando una o dos macetas en posiciones estratégicas; es la mejor manera de cultivar plantas cuya belleza deba apreciarse de cerca. Algunas macetas de pared tienen forma de cabeza y resultan particularmente atractivas plantadas con campanillas de invierno, que caen de forma impresionante para la vista, y rodeadas de una cubierta de hiedra variegada. Una horca de hierro para el heno añadirá inmediatamente una atmósfera rural al jardín junto a un cobertizo. Deben alinearse de forma que retengan el suelo y para ello puede utilizar plástico negro con una capa encima de paja.

Soportes para las plantas

Recubierto de rosales trepadores, perfumados jazmines o correhuela de color azul cielo, una arcada o pérgola constituye un delicioso elemento en un jardín campestre. Además de introducir un punto de interés arquitectónico, estas estructuras proporcionan soporte para las plantas trepadoras; se utilizan también para enmarcar una escena o un sendero, o bien para unir una zona del jardín con otra. Por lo menos desde la época de los romanos las pérgolas han gozado de popularidad, cuando las estructuras recubiertas de vid ofrecían una fresca bienvenida en el caluroso clima mediterráneo. En los siglos XVIII y XIX las glorietas, estructuras abiertas y ornamentadas de madera, hierro forjado o alambre de fantasía, eran especialmente populares, y en general se cubrían de rosas, a excepción de los lados, que se dejaban abiertos para que pasara el aroma de las flores.

Las pérgolas de estilo Lutyens se construyen con fuertes ladrillos o pilares cuadrados de piedra y robustos travesaños, cortados en ángulo por los extremos; son duraderas y proporcionan un soporte fiable para plantas de peso elevado, como *Laburnum* o la glicina. Hay estructuras más ligeras

IZQUIERDA *Desde el fragante frescor de una arcada entretejida y cubierta de rosas, en este sendero la vista se encamina hacia una intrigante puerta de entrada, en una pared que también soporta un rosal trepador. Las trepadoras requieren de estructuras fuertes como éstas si van a florecer.*

SUPERIOR *Esta ruda pérgola permite que la madreselva florezca profusamente por encima de ella mientras un impresionante rosal de flores rosas trepa a su lado. Las dos plantas poseen un marcado perfume y resulta delicioso al pasar bajo la pérgola.*

Un soporte ornamental ofrece un interés visual mientras se establecen las plantas de alrededor, y añade un contraste de alturas y estructuras.

IZQUIERDA *Una ordenación tradicional de cañas configura una interesante estructura y un soporte para judías verdes. El seto de* Rosa gallica *«Versicolor» del fondo se ha podado a baja altura, de modo que los tallos sirvan de soporte.*
SUPERIOR *Los muelles viejos y llenos de herrumbre fijados a postes permanecen junto a desvanecidas azucenas (*Hemerocallis*); constituyen por sí mismos un elemento de idiosincrasia al tiempo que son un soporte para un grupo de berros trepadores.*
DERECHA *Sobre un acebo marítimo (*Eryngium*) se ha construido una bonita jaula metálica, que proporcionará un soporte a los laxos tallos de floración tardía. La jaula contrasta de forma adecuada con la urna de estilo formal, mientras que el color se complementa con la mejorana.*

con pilares de madera robusta combinados con paneles entretejidos para el techo, o con laterales entretejidos, de modo que sirvan como base para especies trepadoras sin obstaculizar la vista del jardín.

Gran parte del encanto de los márgenes de flores campestres reside en su apariencia poco domesticada, con plantas que crecen sobre el pavimento, envuelven un muro o caen en cascada sobre enrejados. Sin embargo, si no quiere que el efecto global derive hacia un indeseado caos, ciertas plantas necesitan un soporte. Una opción consiste en utilizar soportes que no constituyan un obstáculo, como las ramas retorcidas de un avellano a modo de estaca o alambres semiocultos por el crecimiento de las plantas. Otra alternativa es utilizar soportes que sean tan decorativos como las mismas plantas.

Un soporte ornamental no sólo proporciona una nota de interés mientras se establecen las plantas que lo rodean, sino que también resulta atractivo durante todo el año, lo que es de utilidad si se tienen trepadoras caducas. Utilice los soportes para crear una altura contrastante en un margen de plantas de hábito bajo o como marcadores distintivos para acentuar las líneas de un diseño; por ejemplo, en las cuatro esquinas de un jardín de hortalizas o en el centro de un jardín de hierbas simétrico. Incluso un elemento bastante formal como un pilar de piedra puede resultar eficaz en un contexto informal al contraponerse a las formas más laxas de las plantas.

La marcada y geométrica forma de un viejo obelisco de piedra en cuyo extremo se encuentra un balón es un elemento impresionante en cualquier jardín. Es posible también conseguir obeliscos de metal antiguos y reproducciones, hechos de acero o hierro y pintados después. Los obeliscos de madera y los trípodes con enrejados laterales fueron muy populares en el siglo XVII; tienen una apariencia más ligera y delicada que los de piedra y en los jardines rurales pueden parecer más apropiados. Con frecuencia, se pintan de blanco, pero este color puede resultar inoportuno; si desea una apariencia más suave, píntelo de verde oscuro, azul grisáceo o lavanda.

Los postes rústicos de las tiendas de los indios consiguen un efecto más informal y simple. Forman un recio soporte para una combinación de trepadoras como un rosal, una clemátide o una glicina. Las cañas de

bambú son adecuadas para plantas de menor peso, como los guisantes de olor o la correhuela. Para evitar que las plantas caigan sobre un sendero o sobre la hierba, ribetee el margen con diminutas vallas rústicas; en caso necesario pueden trasladarse a otra zona del jardín. Hechas de castaño partido, soportan bien el paso del tiempo y durarán varios años.

El arte del entretejido –construir un emparrillado de tirantes de madera o tablones– se ha practicado desde al menos el siglo XIV. El esplendor se alcanzó en Francia a finales del siglo XVII, cuando se construían elaboradas estructuras que se hacían eco de las formas arquitectónicas y los detalles de edificaciones sólidas. Actualmente, es posible adquirir gran cantidad de enrejados dispuestos en planchas de todas formas y tamaños, incluidos diseños de trampantojo, que imitan la apariencia en perspectiva de un túnel en arcada. Los enrejados o espalderas ligeros, normalmente con dibujo cuadrado o de diamante, con frecuencia se fijan a una pared para proporcionar un soporte a las plantas trepadoras. También se encuentran en versiones más robustas, soportadas por postes cimentados, para crear pantallas que dividen el jardín, pero conservando una sensación abierta.

IZQUIERDA *Los rosales, atados mediante alambres, trepan por estos pilares neoclásicos creando un manto de flores. Entre ellas asoman las dedaleras, lo que añade un contraste de formas mientras se complementan los colores.*
CENTRO *Se ha creado una ventana en una rústica pared de enrejado recubierta finamente de alambre para dar soporte a los guisantes de olor. En el jardín de hortalizas situado detrás, un cono de cañas protege a las plántulas de posibles accidentes.*
DERECHA *Un obelisco pintado aviva los colores de este margen cuidadosamente diseñado, al tiempo que constituye un marco ideal para que trepe la clemátide junto a las dedaleras y* Polygonum.

El agua en el jardín

Un estanque o una corriente de agua añade una sensación de vida y movimiento al jardín, y proporciona una nota de armonía con el ritmo natural de la zona rural. ¡Qué relajante es sentarse junto a unas aguas tranquilas y contemplar las libélulas zambulléndose y volando sobre la superficie; o en un caluroso día, escuchar la tranquilidad del sonido de una goteante corriente o una burbujeante fuente! Todos estos elementos permiten disponer de una mayor variedad de plantas, que a su vez atraerán especies animales como pochas de agua, ranas y lagartijas acuáticas, cuya presencia es fascinante y mantiene a raya la población de caracoles.

Quizá tenga la suerte de disponer de un estanque natural en su jardín, con saltos que mantengan el agua fresca. Un estanque ribeteado de juncos y lirios amarillos, confundidos incluso con tubos de drenaje partidos de terracota, posee un encanto único y constituye un paraíso para las mariposas, anfibios y aves, al tiempo que acoge a los domésticos patos y gansos. Un estanque natural es una gran bendición, que ofrece las condiciones adecuadas para cultivar una maravillosa colección de plantas. La gran *Gunnera manicata*, parecida al ruibarbo, o *Rodgersia* plantada en el húmedo margen del estanque lo convierten en una suculenta jungla. Las prímulas Candelabra (como *Primula bulleyana*)

IZQUIERDA *Un gran estanque en el campo refleja la luz y proporciona una base para las erectas formas de la plantación natural que lo rodea. La alta espinaca «Mountain», de hojas oscuras, se hace eco de las espigas del blanco gordolobo (*Verbascum*), mientras que la amarilla primavera (*Oenothera*) añade equilibrio a la escena.*

SUPERIOR *Los jardines acuáticos pueden resultar una emocionante jungla. En este caso, las largas hojas del ornamental ruibarbo (*Rheum palmatum *«Atrosanguineum») se desarrollan junto al estanque. Un sauce plateado añade variedad de formas y colores, al igual que el pequeño saltamontes metálico.*

Puede diseñar un estanque como parte de una corriente, alargando o estrechando determinadas zonas; los caminos de piedra o un sencillo puente que lo cruce completan la escena.

IZQUIERDA *Las ranas (y los sapos) constituyen un elemento de bienvenida para cualquier jardín, y mantienen a raya la población de caracoles y otras pequeñas plagas.*

CENTRO *Un tranquilo lago rodeado de árboles resplandece bajo la luz del sol; forma un lugar idílico en el que descansar. El espolón de madera, ribeteado de púrpura lisimaquia, actúa como zona de descanso y de contemplación, mientras que los bancos enmarcan la vista del lago, situado detrás.*

en rosa pálido, rojo cereza o naranja, densamente plantadas entre esbeltas gramíneas y helechos, forman una escena arrebatadora.

Incluso el jardín más reducido posee un rincón para un estanque: un barril hundido, partido por la mitad, reflejará el cielo, y es lo suficientemente profundo como para un nenúfar (*Nymphaea*) y un lirio. Colocando un trozo de madera en un ángulo del agua, las ranas y otras pequeñas criaturas podrán saltar por encima. Instale una pequeña fuente para oxigenar y facilitar la circulación del agua, de forma que se evite el estancamiento. Es mejor construir los estanques artificiales más grandes con un forro flexible, como una goma de butilo, para crear una forma natural, al tiempo que soporta mejor el tiempo frío que los estanques de hormigón, rígidos y prefabricados. En una terraza el margen del forro puede esconderse con un pavimento de piedras,

INFERIOR *Grandes carpas doradas nadan en un estanque lleno de lirios, nenúfares y juncos. La generosa cubierta proporciona variedad de lugares donde esconderse, ayudando a mantener la seguridad de los peces frente a depredadores como las garzas, que prefieren las aguas claras y someras cuando salen de pesca.*

arropado bajo los tepes del césped o extenderse bajo el suelo en una zona silvestre para obtener una zona húmeda para plantas acuáticas. Diseñe el estanque de forma que parezca parte de una corriente, estrechándolo y alargándolo. Coloque piedras en un extremo para crear la impresión de que la fuente sale de ellas, colocando guijarros o un sencillo puente que lo cruce para completar la ilusión. Una plantación de sauces (*Salix*) o arces (*Acer*) podría sobresalir y delimitar el lejano final.

En un jardín que no presente ninguna corriente natural de agua es posible recrear el sonido y tranquilidad de un pequeño salto instalando una piedra de molino o una fuente con el agua que corre suavemente, o formar una parrilla con guijarros o cantos rodados sobre un pequeño reservorio con una bomba. El conjunto parecerá más natural dejando que las plantas rastreras ribeteen las piedras.

Un elegante pedestal con una fuente derrama gentilmente el agua hacia el estanque a sus pies. El sonido del agua proporciona calma y dulzura; en tiempos remotos, era considerado un elemento esencial en los jardines del Mediterráneo y Oriente Medio. La exuberante plantación de acantos y rosales complementa el estilo formal de la fuente, creando una sensación de luminosidad.

Herramientas de mecánica

Las herramientas antiguas como un rodillo de jardín herrumbroso o una carretilla abandonada bajo un manzano retorcido, o un rastrillo de madera curtido a la intemperie apoyado casualmente contra la pared de un cobertizo dan la impresión de que generaciones de jardineros han cuidado el jardín, ofreciendo una cómoda sensación de continuidad e intemporalidad. Las herramientas metálicas tradicionales con mangos de madera, preferiblemente las que se han emmohecido o quemado con el paso de los años, resultan atractivas al tiempo que conservan su utilidad. Así, un viejo tonel de madera es decorativo y práctico al mismo tiempo. Con sus lados ligeramente curvados y su tapa de madera, resultará un elemento atractivo, especialmente si se coloca un cuenco hecho de tiras de sauce encima.

Las herramientas antiguas dan la impresión de que generaciones de jardineros han cuidado del jardín y ofrecen una sensación de continuidad e intemporalidad.

IZQUIERDA, PÁGINA ANTERIOR *Este bonito y viejo manzano que cae junto a un muérdago proporciona un soporte firme para una pesada apisonadora de césped, cubierta de herrumbre.*

IZQUIERDA *En la fría oscuridad de este cobertizo para herramientas, el jardinero tiene todas los aperos a mano, cada uno para un tipo de tarea. Las horquillas, de diferentes formas, tienen su propia función y el alambre metalizado se utiliza para guiar los arbustos y las plantas trepadoras.*

INFERIOR *La gruesa rueda de goma de esta carretilla nos asegura que el césped no sufrirá ningún daño. La horquilla con un largo mango resulta de gran valor para remover el suelo de un margen densamente plantado.*
DERECHA *Un viejo bidón metálico de agua descansa entre un grupo de variegadas pervincas (*Vinca*). Aunque la arquitectónica euforbia crece bien en un terreno seco como éste, se deberán regar diariamente las macetas de pensamientos.*

En el siglo XIX, era posible encontrar regaderas galvanizadas de diferentes tamaños, con distintos rosetones, de forma que el jardinero podía regar las plantas correctamente, de acuerdo con sus necesidades. Hoy en día resultan tan útiles como entonces, y si no ha heredado ninguna puede encontrarlas todavía en algunas tiendas.

Un cobertizo para herramientas con una buena organización constituye un lugar de trabajo agradable y eficaz. Ordene las herramientas en los lados del cobertizo, dejando espacio suficiente para cada una de ellas. Las cuchillas de acero inoxidable relucirán como nuevas si las limpia antes de volverlas a dejar en su sitio; un viejo plantador de madera estará listo para su utilización junto a hileras de

macetas de barro cuidadosamente limpias, todo ordenado según su tamaño. Pueden haber montones de sacos de tela de yute que nos servirán para proteger las plantas jóvenes o delicadas frente a los vientos o las heladas. Corte pequeñas tiras y átelas alrededor de los tallos de rosales estándar para evitar el daño de las heladas.

Coloque campanas de cristal o linternas de mano sobre plántulas determinadas; conseguirá que parezcan flores salidas del suelo. A mediados del siglo XVIII se utilizaban lámparas de diferentes formas y tamaños para proteger las plántulas jóvenes, poco resistentes, de las nevadas. Incluso desde el siglo XVII se han utilizado campanas de madera y cristal, lo que demuestra que las herramientas de jardín bien diseñadas nunca pasan de moda

Las hermosas campanas de cristal, tan encantadoras como prácticas, protegen los ejemplares recién plantados de las últimas heladas de la noche y evitan que sean devorados por los caracoles y las babosas.

Índice

El número de las páginas en *cursiva* indica las ilustraciones.

abejas 100, *101*
abrótano hembra o santolina *(Santolina chamaecyparissus)* 25, 95
acanto *136-137*
acebo marítimo *(Eryngium) 52-53*, 70, 129
acebo *(Ilex)* 23, 25, 51,72
Acer pennsylvanicum 57
Achillea (aquilea, milenrama) *46, 93*
aguileña *(Aquilegia) 58*
ajenjo *(Artemisia absinthium)* 95
albahaca 95
albañales 124
alcachofas *92-93*
globosa *92-93*
Alchemilla mollis (pie de león) 31, *73, 94*
Allium 64-65, 81
A. aflatunense 121
A. moly 70
A. schoenoprasum (cebollinos) 95, *96, 97*
amapolas *véase Papaver*
amapolas orientales *véase Papaver orientale*
Angelica archangelica (angélica) *92-93*, 95
aquilea *véase Achillea*
arañuela *(Nigella damascena) 31, 58*
árbol de las pelucas *(Cotinus coggygria* «Royal Purple»*)* 19
árboles 50-51, 55, *72*
arbustos 50-51, *54*, 55, 72
para muros 60
arcadas *126*, 127
artesas 124
Asphodeline lutea 64-65
astilbes *38*, 48
avellano 25
aves 72, 99-100
azucena *(Hemerocallis)* 129

bancos *109, 110*
bañeras para pájaros 116
barriles partidos por la mitad, de madera 123, 124
bayas silvestres 102-103, *102-103*
bellotas 105
bergamota *véase Monarda*
berros 82, 83, 88-89, 96
bidón de agua *140-141*
boj *(Buxus sempervivens)* 25, 28, *59*
bola de nieve *véase Viburnum opulus*

cabras 100, *100*
calabacines 80
calabazas 80
Calendula officinalis (maravilla) *76*, 82, *82*, 96
camomila *(Chamaemelum nobile)* 96
campanas, vidrio 141, *141*
campanillas de invierno 64
Campanula 6, 72, 123
C. lactiflora 44
cañas 128, 130-131
cardo *(Cynara cardunculus)* 65
escocés *(Onopordum acanthium) 72*
globoso *véase Echinops*
carretillas 125, 140
castañas 105
castaños de Indias 29
cebollas *(Allium)* 81
cebollinos *véase Allium schoenoprasum*
cenadores 43
Centranthus véase valeriana
cerezas 88
cerezo tibetano *véase Prunus serrula*
cilantro 96
ciprés *(Cupressus sempervivens)* 58
ciruelas 88, 91
clemátides 23, 41
de los setos *véase Clematis vitalba*
Clematis vitalba (clemátide de los setos) *56*
Cleome hassleriana 88-89
cobertizos para herramientas *138-139*, 140-141
coles 76, *78-79*, 79
coliflor *79*
color 62-67, 80-81
construcciones acuáticas 132-137
consuelda *(Symphytum)* 96
correhuela *(Convolvulus tricolor* «Heavenly Blue»*)* 41, 60
Cotoneaster 70
Crambe cordifolia 87
Crocosmia 88-89
champiñones *véase* setas

dalias *88-89*
damascos 88
dedaleras 6, 45
Delphinium 58, 73
Dianthus 64-65, 124
D. barbatus (Sweet William) *55*
Dicentra spectabilis 66-67

Echinops (cardo globoso) *46-47*, 51
edificaciones, jardín 39-43
enredadera de Virginia *(Parthenocissus) 60*
Eryngium véase acebo marítimo
escabiosa 72
escalones 32-37
escalonia 70
espalderas 87, 129, 131
espantapájaros *76*
espinaca *79, 87*
espino blanco *(Crataegus)* 23, 72
espuelas de caballero 78-79
estanques *132-133*, 133-135
estatuas 119
eucalipto *véase Eucalyptus*
Eucalyptus (eucalipto) 51, 57
Euonymus 123

flox 48, 69, 124
fruta 88-91, 102-103
fuentes 135, *136-137*

Gaillardia x grandiflora 55
ganado 98-100
gansos *98-99*, 100
geranios *64, 66-67*, 70, *94*
girasol *véase Helianthus annuus*
Glechoma 123
gorbolobo *véase Verbascum*
guillomos 55, 115
guisantes de olor 78-79, *79*
Gunnera manicata 133

hamacas 111, *111*
helechos 37, 55, *62*, 135
Helianthus
H. annuus (girasol) 41, *48-49, 104*
H. tuberosus (tupinambo) *48-49*
Helleborus x sternii 64
herramientas *13*, 138-141
hiedra *(Hedera)* 23, *39*, 41, *124*
H. colchica «Sulphur Heart» 60
H. helix «Goldheart» 60
hierba carmín *véase Phytolacca americana*
hierba gatera *(Nepeta) 46, 72, 73, 122-123*
hierbaluisa *(Aloysia triphylla) 122-123*
hierbas 69, *74*, 93-97, 96, 105
ornamentales 39, 55-56, 135
higueras *90*
hinojo 64, 74, 76, 93, *95*, 95, *96*, 96
hortalizas 76-87
Hosta 38, 48, 135
Hydrangea 38
H. anomala subsp. *petiolaris* (hortensia trepadora) 60

Inula 72
invernaderos *13*

jardines
costeros 70
urbanos 70
jazmín 28, 70
judías 80, 128
trepadoras 76, 80, 82, 128
juncos 135

Laburnum 127
lagos *134-135*
lámparas *120-121*
laurel *(Laurus nobilis)* 74, 75, 96
lavanda *(Lavandula)* 70, 72, *88*, 95, 96
lechugas *78-79*, 79, 81, 83
ligústico 74, 95
lilas *22-23*
limoneros 88
lirios *8-9, 46, 72, 135*
Lilium regale 68, 124
lupino *66-67*

macetas 123
de pared 124
terracota 87, 122-125, *122*
madreselva 28, 69, 127
Magnolia stellata 25
malva *96*
malvarrosas 58
manzanas 88, 91
manzanos 25, *88-89, 138*
silvestres (*Malus*) 91
maravilla *véase Calendula officinalis*
margaritas 38
de ojos grandes 109
mexicanas *(Erigeron karvinskianus)* 37
mejorana 95, *96, 129*
menta 95, 105
mesas *106*, 109, 110, *112-113*
mirto *96*
mobiliario 107-141
de jardín 109-115, *114, 115*
Monarda (bergamota)
M. didyma 96
M. fistulosa 95
muros *16-17*, 19
de piedra *18*, 19, *19*

naranjos 88, 90-91, *90-91*
Nectaroscordum siculum subsp. *bulgaricum 97*
nenúfar *(Nymphaea)* 134, *135*
Nepeta véase hierba gatera
Nicotiana (planta del tabaco) 69
N. alata 69
N. sylvestris 88-89
nomeolvides *(Myosotis) 52*

obeliscos 130, *131*
orejas de cordero *(Stachys byzantina)* 31
ornamentos 116-121
ortigas 13

Paeonia lactiflora «Sarah Bernhardt» 69
pajarita púrpura *(Linaria purpurea)* 44
palomas 100
Papaver (amapola) *49*, 58, 70, *125*
P. orientale (amapola oriental) 19, *72*
P. somniferum 51-52, 52-53
patatas 76, *79*
patios 31, 109
patos 99-100
Pennisetum 37
pensamientos 140-141
peras 88
pérgolas *30*, 69, 127, *127*
Persicaria 72
Phlomis 70
Phuopsis stylosa 70
Phytolacca americana (hierba carmín) *95*
pie de león *véase Alchemilla mollis*
piedras de apoyo *116*
pilares, de piedra 129
Pittosporum 39
planta del tabaco *véase Nicotiana*
plantación
clima y ubicación 47, 48, 70
color y textura 62-67
complementaria 82
de invierno 56-57
encuadre 50-51
estacional 52-57
plantas aromáticas 69
recorte ornamental 25, *58*, 58, *59*
trepadoras y arbustos de pared 60-61
vida silvestre 72-73
plantas aromáticas 69
plantas trepadoras 60-61, 127-131
pollos *98*, 98, 99
porches 31
Primula bulleyana 133
Primula «Candelabra» 63
Prunus
*P. serrula (*cerezo tibetano*)* 57
P. x subhirtella «Autumnalis» 56
Pyracantha 19, *60*, 72
ranas *134*
ranúnculos 110
recipientes 122-125
recorte ornamental 25, *58*, 58, *59*
regaderas 140
relojes de sol *116*, 116
remolacha 82
Reseda odorata 69
retretes 39-40, 42-43
Rodgersia 133
romero 96
Rosa véase también rosales
R. «Albertine» 30
R. «Felicia» 45
R. fillipes «Kiftsgate» 60
R. «Fru Dagmar Hastrup» 55
R. gallica «Versicolor» *128*
R. glauca 55
R. «La Ville de Bruxelles» *69*
R. moyesii 55
rosales 8-9, 23, *38*, 41, *44*, 58, *73, 123, 136-137*
rugosa 55
trepadores 28, 60, *106, 127, 130*
ruda *(Ruta graveolens) 13, 95*
ruibarbo, ornamental (*Rheum palmatum* «Atrosanguineum») *133*

Salvia 8-9, 13
amarilla 8-9
grupo Purpurascens (salvia púrpura) 95
«Kew Gold» (salvia dorada) 95
S. microphylla 55
S. officinalis 74, 96
Santolina chamaecyparissus véase abrótano hembra o santolina
saúco 64, 103
de hábito bajo 69
saxífragas 37
senderos 32-37, 82
senecio dorado (*Senecio aureus*) 8
serbal *(Sorbus)* 72, 91, 103
setas 105, *105*
setos 23-25, 25, *58*, 58, *59*
carpe 25
encina 23, 35
haya *25*, 25
sillas *10-12, 106, 108*, 109-115, *110, 112-15*
Sisyrinchium
S. bellum 124
S. striatum 121
soportes para plantas 127-131

Tanacetum densum 70
tapaculos 103
Taxus baccata (tejo) 58, 64
tejo *(Taxus baccata)* 28, 58, 64
textura 62-67
tipo de suelo 48
tomates 80
tomillo *(Thymus) 13*, 37, *66-67*, 96, *96*, 105
T. caespititius «Aureus» (tomillo dorado) 95
T. vulgaris «Silver Posie» (tomillo plateado) 95
tupinambo *véase Helianthus tuberosus*

valeriana *(Centranthus) 64-65*, 70, *112-113*, 121
vallas 20-23, 28
de estacas 22-23, *22-23*, 26, 120-121
de madera 10, 20
de tablillas 20, 21
entretejida de cañas 20-21, *20*, 42
Verbascum (gordolobo) 41, 51, *51, 132-133*
V. olympicum 64
verjas 28
Viburnum
V. farreri 56
V. opulus (bola de nieve) *20-21*
V. x bodnantense 56
vida silvestre 72, 133

Weigela 112-113
Wisteria 127

Zantedeschia aethiopica 63

Agradecimientos del autor

En primer lugar mi agradecimiento a Rosie Atkins por sus primeros consejos; a Stuart Cooper por la confianza que depositó en mí; y a Helen Ridge, Julia Pashley y Due Storey que hicieron realidad mis ideas.

Agradecimientos del editor

El editor quiere agradecer a los siguientes fotógrafos y organizaciones su amable autorización para reproducir las fotografías publicadas en este libro.

1 Andrew Lawson (Eastgrove Cottage Garden Nursery, Hereford & Worcester); 2-3 Richard Felber; 4-5 World of Interiors (Simon Upton); 6 Brigitte Perdereau; 7 Beatrice Pichon-Clarisse (Wy-dit-Joli Village); 8 izquierda Ken Druse; 8-9 Jerry Harpur (Bruno Goris-Ponce, Alpes-Maritimes, Francia); 10 izquierda Roger Foley (Longview Farm/Joanna Reed); 10-11 John de Visser (Feir Mill); 12-13 Christian Sarramon (Maria Hofker); 13 inferior Campagne, Campagne (Mouchy); 13 superior Jacqui Hurst (Lavenham Priory, Suffolk); 14-15 Richard Felber (Newport, Rhode Island); 15 Roger Foley (Colonial Williamsburg); 16-17 Marianne Majerus (Elsing Hall, Norfolk); 18 Richard Felber (Michael Trap, Cornwall, Connecticut); 19 Peter Woloszynski/The Interior Archive; 20-21 Richard Felber; 20 izquierda Marijke Heuff (Rietbrinkhof); 21 derecha Andrew Lawson (Vann, Surrey); 22-23 Naturbild (Kenneth Bengtsson); 24 izquierda Deidi von Schaewen (Les Jardins du Prieure, Notre Dame, D'Orsan, Francia); 24-25 Simon McBride (Landriana Garden, Roma); 25 derecha S & O Mathews; 26-27 Brigitte Perdereau (Chaumont S/Loire); 28 The Garden Picture Library (Jerry Pavia); 29 J C Mayer - G Le Scanff (Festival des Jardins de Chaumont-Sur-Loire, Francia/Simone Kroll); 30 Brigitte Perdereau (Niccolo Grassi); 31 Richard Felber (Brian Stoner, Cold Springs, Arkansas); 32-33 Richard Felber (Cape Cod, Massachusetts); 32 izquierda Andrew Lawson (Diseño: Ryl Nowell, Cabbages & Kings, Wilderness Farm); 33 derecha Christian Sarramon; 34 izquierda Dency Kane (Dean Riddle Garden, Lanesville, NY); 34-35 Dency Kane (Jacobs/White Garden, East Hampton, NY); 36 Simon Mc Bride (Iford Manor, Wiltshire); 37 superior Andrew Lawson (The Old Chapel, Chalford); 37 inferior Christian Sarramon (Maison Decougne, Wirtz); 38 Richard Felber; 39 Sunniva Harte (Frith Lodge y G. Cridland); 40-41 Ivan Terestchenko («The Garden Room», Clarkson N Potter); 41 derecha Jessie Walker (Van Valin); 42-43 Brigitte Perdereau (Woodhouse Sussex); 42 izquierda S & O Mathews (Furzey, Hampshire); 43 derecha Juliette Wade (Peter & Susy Farrell, Woodnewton, Northants); 44-45 Brigitte Perdereau; 45 Sunniva Harte (Frith Lodge y G. Cridland); 46 izquierda Richard Felber; 46-47 Jerry Harpur (Deborah Kellaway, Waveney Rising, Norfolk); 47 derecha Andrew Lawson (Chilcombe House, Dorset); 48-49 Richard Felber (Oehme van Sweden); 49 derecha Jerry Harpur (Marguerite McBey, Tanger, Marruecos); 50-51 Andrew Lawson (Diseño: Anthony Archer-Wills); 50 izquierda interior/V. Motte; 51 derecha Andrew Lawson; 52 izquierda Jacqui Hurst (Wretham Lodge, Norfolk); 52-53 Andrew Lawson (Sticky Wicket, Buckland Newton, Dorset); 54-55 S & O Mathews (12 Rozelle Close, Littleton, Hampshire); 55 superior Gary Rogers (Erika Jahnke); 55 inferior S & O Mathews; 56 izquierda Michael Busselle; 56-57 Jerry Harpur (The Manor House, Bledlow, Bucks); 57 inferior Marcus Harpur; 58 Juliette Wade (señores Cox, Woodpeckers, Warwickshire); 59 Christian Sarramon (Wirtz); 60 S & O Mathews; 61 Michael Busselle; 62 izquierda Andrew Lawson (Inverewe Garden, Ross & Cromarty); 62-63 S & O Mathews (Merrie Cottage, Hampshire); 64 izquierda Fritz von der Schulenburg/The Interior Archive; 64-65 Andrew Lawson (Westpark, Munich, Alemania); 65 derecha Marianne Majerus (Bassibones); 66-67 S & O Mathews (Colwell Cottage, Isla de Wight); 68-69 Richard Felber (East Hampton, Long Island); 69 inferior derecha Sunniva Harte (Frith Lodge y G. Cridland); 69 superior derecha Marianne Majerus (Bassibones); 70-71 Jerry Harpur (Marguerite McBey, Tanger, Marruecos; 72 inferior Andrew Lawson; 72 superior S & O Mathews (Little Court, Hampshire); 73 Brigitte Perdereau; 74 J C Mayer - G Le Scanff; 75 Jacqui Hurst; 76-77 The Garden Picture Library (Brigitte Thomas); 76 izquierda Jacqui Hurst (Kelly Castle, Fife); 77 derecha J C Mayer - G Le Scanff (Orne, Francia); 78-79 Jerry Harpur (Marguerite McBey, Tanger, Marruecos); 79 derecha J. C. Mayer - G Le Scanff; 80 izquierda Richard Felber (Michael Pollen, Cornwall, Connecticut); 80-81 Sunniva Harte (Wisley); 81 derecha Sunniva Harte (Wisley); 82 derecha Sunniva Harte (Geraldine Guest); 82 izquierda Jacqui Hurst (Joy Larkham); 83 The Garden Picture Library (Juliette Wade); 84-85 The Garden Picture Library (Juliette Wade); 85-86 Juliette Wade (Sarah Sears y Carlo Jolly); 87 derecha Marianne Majerus (Ballymaloe Kitchen Garden); 88-89 Andrew Lawson (Flintham Hall, Nottinghamshire); 88 izquierda S & O Mathews; 90-91 Jacqui Hurst; 90 izquierda Howard Rice; 91 derecha Howard Rice; 92-93 The Garden Picture Library (Jerry Pavia); 93 derecha Sunniva Harte (Ethne Clarke, Sycamore Barn); 94 Juliette Wade (Jean y Peter Mathews, Yew Tree Cottage, Berkshire); 95 Brigitte Perdereau; 96 superior Jacqui Hurst; 96 inferior John Glover (Gardeners Cottage, Cheshire); 97 Marianne Majerus (Felbrigg Hall); 98-99 Roger Foley (Colonial Williamsburg); 98 izquierda Curtice Taylor (Stourton House Garden); 99 derecha S & O Mathews (Hightown Farm, Hampshire); 100 The Garden Picture Library (Ann Kelley); 100-101 Jacqui Hurst; 102 izquierda Jacqui Hurst; 102-103 S & O Mathews; 103 derecha Marianne Majerus; 104-105 Richard Felber (Katherine Whiteside, Cold Springs, Nueva York); 105 superior Jacqui Hurst; 105 inferior Jacqui Hurst; 106 J. C. Mayer - G Le Scanff (Wy-dit-Joli Village, Francia); 107 Jerry Harpur (Marguerite McBey, Tanger, Marruecos); 108-109 Kari Haavisto (Salgkulla Farm, propietarios: Sten y Kerstin Enbom; diseño: Kerstin Enbom; arquitecto: Sten Enbom); 109 derecha Andrew Lawson (Chilcombe House, Dorset); 110 inferior Marijke Heuff (Lenshoek, Holanda); 110 superior S & O Mathews (King John's Lodge, Sussex); 111 S & O Mathews (Little Court, Hampshire); 112-113 Marijke Heuff (Joseph Bayol, Francia); 114 inferior Roger Foley (Edelman Garden); 114-115 Sunniva Harte (Ethne Clark, Sycamore Barn); 115 derecha Sunniva Harte (Sunniva Harte, Lewes); 116 Jessie Walker (Burnham); 117 Richard Felber; 118 Jacqui Hurst (The Hall, Suffolk); 119 inferior Sunniva Harte (Frith Lodge y G. Cridland); 119 superior Dency Kane (Anna Davis Garden, Atlanta); 120-121 Ken Druse; 121 derecha S & O Mathews (Park Farm, Essex); 122 izquierda The Garden Picture Library (Marijke Heuff); 122-123 Sunniva Harte (Ethne Clarke, Sycamore Barn); 123 izquierda The Garden Picture Library (Juliette Wade); 124-125 Gil Hanly (Sue Foster, Matongi Waikato); 124 izquierda Juliette Wade (señores Vail, Upham, Hampshire); 126-127 The Garden Picture Library (Jane Legate); 127 derecha Neil Campbell-Sharp (Apple Court Nurseries, Hampshire); 128 Juliette Wade (Gwen Bishop, Combe, Oxon); 129 superior Jerry Harpur (Ivan Hicks, Garden In Mind, Sussex); 129 superior Andrew Lawson (Elton Hall, Cambridgeshire); 130-131 Marianne Majerus (Ballymaloe Kitchen Garden); 130 izquierda Christian Sarramon; 131 derecha Andrew Lawson (Gothic House, Oxfordshire); 132-133 Marianne Majerus (Nun's Manor, Shepreth); 133 derecha Marianne Majerus (Woodpeckers, Warwickshire); 134-135 Jerry Harpur (Wesley & Susan Dixon, Lake Forest, Illinois, Estados Unidos); 134 izquierda Sunniva Harte (Sunniva Harte, Lewes); 135 derecha Juliette Wade (Jean & Peter Mathews, Yew Tree Cottage, Berkshire); 136-137 Andrew Lawson (Sutton Place, Surrey); 138 izquierda Sunniva Harte (Brangwyn's House); 138-139 J C Mayer - G. Le Scanff (Domaine de St Jean de Beauregard, Francia); 140 izquierda J. C. Mayer - G. Le Scanff (Jardin D'Andre Eve, Francia); 140-141 S & O Mathews (Park Farm, Essex); 141 derecha interior/ C. de Virieu.